AF325540

# TRAITÉ

DE

# L'ÉLÈVE DU CHEVAL.

# TRAITÉ

DE

# L'ÉLÈVE DU CHEVAL

## DE COURSE,

## DU CHEVAL DE CHASSE,

### ET DU CHEVAL DE SERVICE.

*Traduit de l'anglais,*
D'après le *Sporting Magazine* de Londres.

Bruxelles,
LIBRAIRIE DE DEPREZ-PARENT,
RUE DE LA VIOLETTE, 15.
F. PARENT, ÉDITEUR.

1842

# DE L'ÉLÈVE

# DU CHEVAL DE COURSE

## ET DU CHEVAL DE CHASSE.

## INTRODUCTION.

Toute l'habileté et l'industrie de l'homme n'égaleront jamais les productions de la nature, ni pour la beauté ni pour la force et la durée.

Certes, le talent de l'ouvrier vient en aide à la nature. Un tailleur peut faire un habit capable de parer la personne à laquelle il le destine, mais il faut avant tout que la nature ait formé l'homme.

La Providence a voulu que l'homme soit le maître, le dominateur des animaux ; mais parmi toutes ces nombreuses espèces qu'il a su asservir, et qui servent à ses besoins ou à ses plaisirs, le cheval semble formé tout exprès pour satisfaire les uns et les autres. Le cheval mérite donc une attention particulière.

L'expérience est indispensable pour élever ce présent du ciel.

Une bonne éducation perfectionne ce bel ouvrage de la nature ; mais une mauvaise éducation le gâte.

La culture de la terre devient plus nécessaire à mesure que la population humaine augmente ; par conséquent, il faut un plus grand

nombre d'animaux pour les travaux de l'agriculture et de l'industrie
car ils sont le soutien de l'homme.

Elever des chevaux pour son plaisir ou son profit ne change rien
à la question, le même but doit toujours être atteint.

Pour les hommes qui ont besoin d'excitation, cette occupation est
bonne, elle est noble, utile et des plus patriotiques.

L'Angleterre depuis longtemps a la réputation justement méritée
de posséder des chevaux supérieurs à ceux des autres contrées du
continent européen et même du monde.

Pendant les loisirs, le repos de la paix, on y élève des chevaux
pour le plaisir et le commerce.

Lorsque arrive la guerre, la force de la Grande-Bretagne est incontestable, sa cavalerie est la plus belle du monde.

Comment est-on arrivé dans cette contrée à une aussi haute pro-
spérité hippique?

C'est ce que nous allons rapidement examiner.

Il est bien reconnu maintenant, et cela dans tous les pays où l'on
s'occupe de l'élève du cheval d'une manière intelligente et raisonnée,
que le cheval de pur sang est le type le plus parfait qui existe. Conserver cette race est donc de la plus grande importance. Pour la
vitesse, la beauté de sa constitution et son utilité, elle est la seule qui
possède toutes les qualités à un aussi haut degré, et les transmette
aussi constamment et aussi complétement.

Les courses de chevaux sont la principale cause du perfectionne-
ment de la race pur sang, et aussi longtemps que les riches amateurs
du *turf* soutiendront cette institution, elle suffira pour déterminer à
élever des chevaux propres à disputer les prix offerts sur les nombreux hippodromes de l'Angleterre, et à faire choisir les étalons et
les juments qui possèdent les qualités les plus propres à ces objets,
c'est-à-dire les *proportions les plus parfaites*, en même temps que la
vitesse et la force (1).

---

(1) C'est avec plaisir que nous voyons un auteur anglais mettre en première ligne *les proportions du cheval* destiné à la reproduction. Du reste,
nous avons fait remarquer en plus d'une occasion que si les Anglais étaient

Les nombreuses demandes des habitants du continent sont aussi très-avantageuses, et n'ont pas peu servi à faire réussir la spéculation qui a pour but l'élève du cheval de race noble.

Le soin apporté à toutes les parties de l'éducation, le jugement, les connaissances des personnes expérimentées qui se chargent de cette éducation ne peuvent manquer de la faire prospérer : aussi le nombre des chevaux de pur sang augmente journellement. Dans cette grande quantité, il s'en trouve nécessairement d'inférieurs, mais il en reste assez de parfaits pour en garantir le débit sur le continent. Les habitants de ces contrées savent, par expérience, que leurs soins et leurs études sur ce point ne peuvent jamais leur procurer des chevaux comparables à ceux élevés en Angleterre, et cela par deux excellentes raisons que voici : leur climat n'est pas aussi favorable à la santé des chevaux ; les pâturages ne produisent pas une nourriture aussi convenable (1).

---

plus indulgents et plus larges que nous, sur des tares considérées avec raison fort souvent comme étant héréditaires, ils étaient loin de n'y faire aucune attention, comme voudraient nous le persuader plusieurs de nos anglomanes quand même. La suite de ce petit traité sur l'élève du cheval de course en donnera souvent la preuve.

(1) Les Anglais sont connus pour leur habileté dans tout ce qui peut contribuer à leur assurer le monopole du commerce du monde entier. Chercher à persuader aux nations du continent que jamais elles ne parviendront à faire des chevaux égaux en mérite aux leurs, c'est très-adroit, très-habile ; mais les raisons qu'on donne pour appuyer cette assertion ne sont nullement fondées, on pourrait même dire que le contraire existe : car le climat d'une grande partie de la France et de l'Allemagne est plus favorable à l'élève du cheval que celui de l'Angleterre; d'un autre côté, les pâturages ou le sol produisent des herbes et des grains tout aussi bons qu'on peut les obtenir dans la Grande-Bretagne. Les obstacles qui s'opposent à la production, à l'amélioration du cheval de pur sang et à ses dérivés, ne sont pas là, c'est aux hommes qu'il faut s'en prendre, et non aux influences atmosphériques qui en amènent d'autres dans le sol et ses productions. Ce qui le prouve, c'est que toutes les fois que la main de l'homme a été intelligente, persévérante et habile, les résultats ont été des meilleurs. Dira-t-on que les élèves des haras de Meudon, de Viroflay, de Glatigny, de Blainville et de beaucoup d'autres écuries particulières qu'il serait trop long de citer, ne

Il n'y a pas d'amusement plus grand et d'étude plus intéressante que d'élever des chevaux, depuis le poulain et la pouliche en entraînement, jugés dignes de courir, jusqu'à l'étalon et la jument choisis pour perpétuer leur race.

On éprouve dans ces différentes circonstances des sensations de plaisir, des jouissances toujours nouvelles ; soit dans le choix d'un étalon dont le caractère, la race, la réputation s'accordent avec les qualités de la jument qu'on veut lui donner, afin de chercher à obtenir de cette union quelque chose de supérieur ; soit dans l'attente du résultat jusqu'au moment où la jument doit mettre bas ; soit en examinant le poulain, lorsqu'il gambade, court, saute et joue près de sa mère ; soit enfin dans les soins que réclame le poulain depuis sa naissance jusqu'à son entraînement. Tout est plaisir jusque-là ; mais du moment où le jeune animal commence ses exercices, c'est alors que commence aussi la tâche de l'éleveur ; plus tard viennent les amateurs, si c'est un cheval de course.

Ainsi l'esprit est toujours occupé et excité par l'espérance, la crainte, le doute, la réalité ! Telle est en gros la vie morale de l'éleveur ; passons maintenant à sa vie matérielle et industrielle, en commençant par le choix des juments dont il veut tirer race.

---

sont pas égaux en mérite, en qualités, à ceux des baras de l'Angleterre, lorsque leur origine est aussi bonne ? Ecoutez les Anglais de bonne foi qui viennent de visiter les écuries d'entraînement de Chantilly, ils vous diront qu'ils n'ont rien vu de supérieur chez eux aux jeunes animaux qu'elles renferment, et que peut-être même, sous le rapport de la force, de la taille, de l'ampleur des membres, il serait difficile de trouver en Angleterre un grand nombre de sujets qui puissent leur être comparés. Que conclure de ces faits, sinon qu'on peut faire aussi bien en France et en Allemagne qu'en Angleterre, en employant les mêmes éléments de reproduction et les mêmes moyens ? Le tout est de les employer avec discernement, goût et persévérance ; de cette manière, on fera de beaux et bons chevaux partout, lorsque la nature ne présentera pas de ces difficultés que l'intelligence de l'homme ne pourrait vaincre sans de trop grands travaux et de trop grands frais. Nous sommes dans les mêmes conditions, peut-être même dans de meilleures conditions de climat que l'Angleterre, nous pouvons donc faire aussi bien qu'elle des chevaux de pur sang possédant toutes les qualités exigées dans cette race type.                                        A. DE M.

# DU CHOIX

# DES JUMENTS.

Le sujet que nous allons traiter a toujours été l'objet d'importantes observations et de nombreuses controverses. C'est, sans contredit, une question vitale, puisqu'il s'agit du choix des juments dont on doit tirer race.

Les opinions sont encore très-partagées sur le fait de savoir si les poulains sont plutôt héritiers des qualités de leurs pères que de leurs mères. On a divisé et subdivisé cette question à l'infini, en spécifiant les rapports que les produits devaient avoir avec leurs ascendants mâles et femelles ; et si on n'est pas arrivé à résoudre le problème d'une manière absolue, il n'en est pas moins vrai qu'on a maintenant des données à peu près certaines, qui peuvent servir de base et de règle.

Il est à remárquer que certaines juments ont presque invariablement produit des chevaux qui, de bons coureurs qu'ils étaient autrefois, sont devenus ensuite des étalons précieux, quels que fussent leurs pères, et que, d'un autre côté, quelques juments n'ont jamais rien fait de bon ni pour la course ni pour la monte, bien que couvertes par les plus célèbres étalons de leur temps.

Il est assez généralement reconnu que les qualités des poulains viennent de la mère ; mais il ne faut pas que ce soit une raison pour ne pas croire à la part très-grande que peut y prendre le père, et pour que le choix en soit fait trop légèrement.

Un des exemples les plus remarquables à citer à l'appui de ce que nous venons de dire se trouve dans les produits de *Prunella,*

1.

qui tous ont été excellents. On a eu de cette jument : *Pénélope*, mère de *Whalebone*, l'un des vainqueurs du Derby, et réputé père de *Moses* (*Prunella* fut aussi saillie par *Seymour*) ; *Lapdog* et *Spaniel*, tous trois vainqueurs du Derby ; de *Caroline*, vainqueur des Oaks ; de *Web*, mère de *Midleton*, vainqueur du Derby ; de *Woful*, étalon de premier mérite, père d'*Augusta* et de *Zine*, toutes deux vainqueurs des Oaks ; de *Théodore*, vainqueur du Saint-Léger ; de *Wilful* et de *Wire*, ces deux étalons qui furent envoyés en Irlande, où ils produisirent plusieurs bons poulains, entre autres *Valve*, mère de *Pussy*, vainqueur des Oaks ; *Wisker*, aussi vainqueur du Derby, excellent étalon, et père de *Memnon*, qui gagna le Saint-Léger en battant un champ de vingt-neuf chevaux, est aussi un fils de *Pénélope*, qui a fait encore *Whizgig*, mère d'*Omen* et d'*Oxigen*, vainqueur des Oaks, et *Olympia*, qui a bien couru ; *Waltz*, jument médiocre ; *Wamba*, son dernier produit, qui, ayant fait la monte dans une partie retirée du pays de Galles, où il n'a eu qu'un petit nombre de juments, n'a pas été à même de donner la mesure de ses qualités, n'en a pas moins été le père de quelques belles souches de cette contrée.

*Parasol*, autre fille de *Prunella*, fut la mère de *Partisan*, excellent étalon, père de *Mameluke*, vainqueur du Derby, et de *Cyprian*, vainqueur des Oaks : *Parasol* produisit aussi *Polygar*, fort joli cheval, et *Pastille* qui gagna les Oaks.

*Prunella* donna encore *Pledge*, mère de *Welbeck*, et *Tiresias*, vainqueur du Derby ; *Mr Lowe* et plusieurs autres qu'il serait trop long de nommer.

Les produits de *Pawn* furent très-modestes :

*Piquet* produisit aussi plusieurs poulains, mais rien de premier mérite.

*Prudence* fut le dernier produit de *Prunella*. Elle ne donna pas de descendants égaux en valeur à ses parents, mais ce que nous venons de citer suffit pour constater la grande supériorité de *Prunella*, et son mérite comme poulinière de sang. Elle a eu douze poulains par six pères différents, système qui ne doit pas être admis en principe général, par plusieurs raisons qui seront déduites dans une autre partie de ce traité. Mais *Pénélope*, sa fille, fut la souche d'où sortirent un très-grand nombre de chevaux supérieurs ; sur treize qu'elle fit, neuf descendirent de *Waxy* ; les sept premiers furent par lui ; donnée ensuite à d'autres chevaux, *Pénélope* ne produisit pas de poulains égaux à ceux de son premier mari. Plus tard, *Wildfire* et *Windfall* furent aussi par *Waxy* ; le premier fut envoyé à l'étranger, et le second castré. *Waterloo*, par *Walton*, est encore un fils de *Pénélope*, et si on consulte le Racing-Calendar, on y trouvera que cette poulinière a fourni un plus grand nombre de vainqueurs du Derby, des Oaks et du Saint-Léger, qu'aucune autre de celles portées au Stud-Book.

Nous ne parlerons pas d'une immense quantité de juments qui ont produit des sujets inférieurs, ceux qui voudraient les connaître peuvent consulter le Stud-Book et le Racing-Calendar, et comparer leurs *performance* (1) avec celles des autres pour avoir la mesure de leurs mérites respectifs.

Quand nous considérons la grande ressemblance de quelques poulains avec leurs pères et mères, et le peu qu'on en trouve entre d'autres poulains et leurs parents, nous sommes fort indécis pour nous prononcer et pour ne pas conserver quelque défiance sur la faculté transmissive des qualités de la famille. Nous voyons cependant que la nature perd difficilement ses droits et sa puissance, puisqu'il n'est pas rare de voir des jeunes produits ressembler à leur grand-père ou à leur grand'mère et même à des parents plus éloignés. Il est toutefois difficile de reconnaître bien positivement ces ressemblances, par la raison que la génération présente ne connaît que fort imparfaitement la conformation et les traits caractéristiques des ancêtres des chevaux de son temps, excepté ce qui a rapport à la couleur de la robe.

---

(1) Le mot de *performance,* adopté par les Anglais pour indiquer les hauts faits des chevaux sur les hippodromes, n'a point d'équivalent en français ; nous pensons donc que nous pouvons l'adopter faute de mieux. Il correspond cependant avec le mot *preuves,* comme en faisait la noblesse en certaines occasions.

Dans l'espèce humaine il est plus facile de reconnaître des ressemblances de détail, et à chaque instant on peut être frappé de quelque rapport avec les parents d'un enfant, qui se trouve avoir les yeux de l'un, la bouche d'un autre, le nez de celui-là, le front de celui-ci ; mais en même temps, ni la taille, ni la tournure, ni la démarche des uns et des autres, ce qui est cause que ces ressemblances ne sont jamais complètes, et que si elles existent dans quelques parties et rappellent un parent ou un ancêtre, elles sont accompagnées de dissemblances plus grandes encore. Il en résulte que si un individu a quelque chose de son grand-père dans la physionomie et dans l'arrangement des traits, il en diffère tout à fait par le port, l'air et les manières qu'il a prises chez son père et sa mère.

Ces phénomènes ont tout à fait lieu dans l'espèce chevaline, mais ils exigent un plus grand examen quand on veut les comparer entre eux, et c'est en raison de cela, et de beaucoup d'autres causes, qu'il est si important de s'en rapporter à l'épreuve des courses et à n'élever que dans ce but. Il est arrivé fort souvent cependant que plusieurs des juments qui s'étaient le plus distinguées sur le *turf* ont causé un grand désappointement aux éleveurs dans leurs productions ; mais un tel fait ne doit être considéré que comme une exception ; nous citerons les produits immédiats d'*Eléonore*, vainqueur du Derby et des Oaks, qui ne purent pas courir du tout, et qui furent malgré cela pères et mères de fort beaux et bons chevaux ; son fils *Muley* a donné des coureurs très-respectables. Les juments par *Dick-Andrews* produisirent *Picton* et *Luzborough*, deux chevaux estimables.

D'après ces exemples, on peut espérer que si les poulains sont d'une bonne famille, s'ils ne peuvent courir, du moins peuvent-ils être bons au haras.

En choisissant les juments pour le haras, il faut faire la plus grande attention au sang, à la conformation et aux qualités.

Il est bon d'entrer ici dans quelques explications sur la valeur et la signification que je donne à ces expressions.

Par le mot *sang*, j'entends la pureté, la noblesse de la famille, qui doit être exempte de taches provenant d'accouplements incestueux.

*Le* mot *conformation* s'applique aux tares et défauts héréditaires qui sont de nature à empoisonner tout un haras, et à le rendre ruineux pour le propriétaire.

S'il s'agit des *quaités*, je ne voudrais pas, quand bien même les deux premières conditions seraient remplies, conseiller de faire produire une mère dont les produits n'auraient pas fait leurs preuves sur l'hippodrome, quoique son père et sa mère soient d'une race à la mode ; à moins, cependant, que ces derniers n'aient obtenu des succès de course et produit des vainqueurs. Quant aux succès de course des juments elles-mêmes, en cela, comme en beaucoup d'autres choses, s'il n'y a pas de règles sans exception, et si on peut fournir un grand nombre d'exemples de juments ayant bien couru, qui ont ensuite bien produit, il s'en présente beaucoup d'autres en sens inverse. Le *sang* et la *conformation* sont donc les deux conditions auxquelles il est essentiel de s'attacher davantage. Il est généralement reconnu qu'il peut être très-nuisible aux juments qu'on veut destiner à la reproduction de les soumettre trop longtemps au régime de l'entraînement, sans leur donner le temps nécessaire d'acquérir des forces pour les préparer peu à peu à leur nouvelle condition.

Le changement d'une écurie chaude, dans laquelle les juments sont toujours couvertes, à un hangar ouvert à tous les vents, où elles n'ont pas la moindre couverture, celui non moins grand de la nourriture composée de foin et d'avoine à l'herbe des prairies, ne peuvent qu'être nuisibles et souvent fatals s'ils ne sont pas amenés graduellement et avec les plus grands ménagements. Il serait superflu de dire à mes lecteurs qu'il ne faut pas faire couvrir les juments pendant qu'on les prépare pour la course, quoique cela soit arrivé plusieurs fois, et entre autres avec *Catherina*, qui a couru pleine d'*Alecto*, et dont le produit a été d'une grande supériorité ; mais ce n'est pas une raison pour adopter une semblable méthode ; car ce succès, qui ne diminue en rien la cruauté de la pratique, ne peut être érigé en principe général (1).

______

(1) En France, *Miss Annette* a couru après avoir été saillie.

Le meilleur moyen d'avoir la certitude d'un bon choix, c'est de ne prendre que des juments ayant déjà produit de bons coureurs ; mais alors comme leur valeur a pu être connue et appréciée, il est difficile de s'en procurer, à moins de les payer un prix très-élevé. Il se présente, cependant, différentes circonstances favorables ; telles que la vente d'un haras à l'encan : alors la concurrence qui existe naturellement pour les objets d'un ordre supérieur indique leur valeur de manière à ne pas s'y tromper ; dans ce cas si on paie un peu cher on a la certitude de ne pas être attrapé.

Beaucoup d'éleveurs sont d'avis de choisir les juments qui se sont distinguées par des courses brillantes, pourvu toutefois qu'elles n'aient point été fatiguées outre mesure et usées par l'entraînement. Ils veulent que ces juments soient en même temps d'une famille renommée par ses *performance* et exempte de ces imperfections qu'on s'efforce en vain d'atténuer, d'excuser et de prétendre non héréditaires : je partage cette opinion.

Mais alors, dira-t-on : « Où sont les juments que vous jugez propres à la production ? »

Je répondrai à cette question : Il y en aurait très-peu, si on s'attachait à ne choisir que celles qui possèdent les qualités voulues et sont exemptes de défauts ou tares héréditaires ; et cependant, on ne peut trop recommander le rejet des juments défectueuses qui peuvent transmettre leurs imperfections et empoisonner le haras d'abord, le pays ensuite, d'individus plus imparfaits encore que leurs mères (1) !

Comment espérer que, faibles et mal conformées, souvent infirmes et maladives, des juments produiront des poulains sains et vigoureux ? Ne doit-on pas, au contraire, être certain qu'elles n'en feront que de mauvais ? C'est ainsi qu'il naît chaque année une im-

---

(1) Nous invitons nos lecteurs à étudier cette partie du traité sur l'élève du cheval de course et de chasse, car elle est de nature à rectifier bien des idées fausses, bien des erreurs que, sur la foi de quelques anglomanes ignorants, on a répandues parmi les éleveurs, chez lesquels elles ont porté leurs fruits et ont laissé des traces ineffaçables.     A. DE M.

mense quantité de chétifs animaux dont les imperfections et l'inu-
tilité n'étonnent plus, quand on remonte à la source d'où ils sortent !
La taille et la force des poulinières ne peuvent être considérées
comme une certitude positive de celles de leurs produits.

La haute taille n'indique pas la force, et nous avons vu fort souvent des juments de seize paumes et demie qui n'avaient ni vigueur
ni force.

Eleveurs qui voulez réussir, choisissez des poulinières longues,
étoffées, ayant un coffre spacieux, une bonne charpente osseuse, des
tendons et des muscles solides et bien prononcés ; avec elles vous
obtiendrez les poulains les mieux conformés, et par suite, les meilleurs chevaux de course ou de chasse.

Je vous citerai, à l'appui de cette opinion, *Harriet*, mère de *Ple-
nipotentiary*, qui possédait les qualités que je viens de décrire; et
*Arachné*, qui, après avoir bien couru, produisit *Industry*, vainqueur des Oaks, en 1838 : elle était de petite taille, mais longue,
ample, près de terre et corsée.

Ainsi donc, pour obtenir des poulains bien conformés, le premier
point est de choisir des poulinières fortes et dont le coffre soit spacieux, chose des plus essentielles avant tout. Après cela, l'étalon
devra être plutôt d'une taille moins élevée que la jument ; mais il
est généralement reconnu que les juments qui ont été de bonnes
coureuses doivent être accouplées avec des chevaux de vitesse.

Quant à la conformation relative du père et de la mère, elle doit
être l'objet d'une attention et d'une étude toutes particulières, car
c'est un objet de haute importance (1).

Je suis convaincu que la vitesse vient de certaines proportions,
telles que la longueur des membres, sa correspondance avec l'é-
paisseur et la force des muscles ; la capacité et la conformation de

---

(1) Voici encore un point sur lequel nous appellerons l'attention des éleveurs, parmi lesquels il s'en trouve un trop grand nombre qui sont persuadés
qu'il est fort inutile de s'occuper des rapports ou des incompatibilités qui peuvent exister entre la jument et l'étalon. La suite de ce traité rectifiera plus
d'une opinion erronée.　　　　　　　　　　　　　　　　A. DE M.

la poitrine, qui donnent la plus grande liberté à l'action des poumons.

Ces proportions, combinées avec l'ardeur, la bonne volonté et un bon tempérament, doivent nécessairement produire la vitesse et le fonds.

Mais comment de telles proportions peuvent-elles être mathématiquement définies?

Elles paraissent appartenir à un ordre de choses placé au delà de toute définition, aussi bien en dehors de l'investigation que de la compréhension humaine. Une seule chose se présente clairement à mon esprit, c'est que si la conformation et les qualités de l'un ne sont pas en rapport avec celles de l'autre, la vitesse et l'action seront défectueuses, et les résultats incomplets.

Je citerai un exemple tiré du règne végétal pour prouver la nécessité des qualités relatives du mâle et de la femelle.

Lorsque la graine d'une grosse plante est ensemencée dans un petit pot, elle germera, poussera, sortira de terre, et croîtra pendant quelque temps; mais bientôt le sujet deviendra chétif, faible et sans proportions, et cela, par le manque de la nourriture nécessaire à sa croissance et même à son entretien, nourriture qu'il aurait obtenue dans un plus grand espace.

Il en est de même chez les animaux, et particulièrement chez le cheval. Si un étalon, grand, fort, plein de vigueur et musculeux, se trouve accouplé avec une faible et délicate jument, le produit ne peut manquer d'être défectueux et mal conformé; et, de plus, la difficulté du part deviendra plus grande, souvent dangereuse même.

Je pourrais citer d'autres exemples de la nécessité des appareillements et de l'étude approfondie des lois de la nature; mais la crainte de fatiguer mes lecteurs m'engage à m'en tenir à ce que je viens de dire.

Avant de terminer ce chapitre sur le choix des poulinières, j'engagerai fortement les éleveurs à tenir chaudement leurs juments et dans un endroit sec, surtout après qu'elles auront quitté les écuries d'entraînement; car le changement serait trop grand, trop brusque, et non sans danger pour elles, accoutumées qu'elles sont à être logées chaudement, à être bien couvertes, à n'être exposées que quelques instants à l'air froid, et enfin à être l'objet de soins de tous les instants. Les sortir de cet état de bien-être pour les mettre dans des pâturages humides, sans aucune protection contre les intempéries de l'atmosphère, sans abri contre le froid, le vent et la pluie, ne pourrait manquer de produire de déplorables effets, d'amener des accidents fâcheux et d'influer plus tard sur leurs produits. Bien que ces effets pourraient ne pas être perceptibles tout d'abord, il n'en est pas moins hors de doute que les animaux exposés à des changements aussi brusques dans leur hygiène ne peuvent manquer d'en être affectés d'une manière quelconque, et plutôt en mal qu'en bien ; il faut donc s'appliquer à les habituer graduellement au nouveau genre de vie auquel on veut les soumettre. Dans tous les cas, cela ne peut avoir aucun inconvénient, mais seulement faire éviter le danger des transitions que je viens d'indiquer.

Dans le chapitre suivant, je m'occuperai du choix des étalons, su jet non moins intéressant et de la plus haute importance.

# DU CHOIX

# DES ÉTALONS.

J'ai dit en terminant le chapitre précédent, que le choix des éta-lons avait autant d'importance et demandait autant d'attention que celui des juments. Je maintiens cette proposition ; car si ce choix est fait sans discernement et sans connaissances, l'éleveur tombera de désappointements en désappointements.

Combien de circonstances se présentent qui doivent être prises en considération, et dans lesquelles il faut de grandes lumières pour choisir un cheval parfaitement convenable au but qu'on veut atteindre.

La première chose à considérer, est que la race de l'étalon soit en rapport avec celle de la jument, et pure de toutes taches ou mélanges incestueux ;

La seconde, que sa taille ne soit pas disproportionnée ;

La troisième, que la réputation de sa famille et la sienne soient bien établies par de beaux succès de course ;

La quatrième, enfin, que la conformation soit bonne et en harmonie avec celle de la jument qu'on lui donne.

Dans l'opinion des éleveurs les plus expérimentés et les plus heureux, la première condition est la plus essentielle ; mais ils se gardent bien de négliger les autres. Les inconvénients qui résultent d'une parenté trop rapprochée entre le père et la mère sont trop graves et trop fréquents pour ne pas être signalés dans ce traité, ils feront l'objet d'un chapitre particulier.

J'ai dit en parlant des juments que les meilleures coureuses devaient être données à des chevaux d'une race ayant fait leurs preuves de vitesse.

Ce principe général et bon en soi ne peut pas toujours recevoir son application ; mais ce qui doit être invariablement considéré comme une cause d'exclusion absolue, c'est si le cheval s'est toujours mal montré sur l'hippodrome, et a couru comme une véritable *rosse*. Quelles que soient la valeur et la réputation de ses ancêtres, on doit craindre de n'obtenir de lui que des *rosses !*

D'un autre côté, il vaut mieux s'attacher à la faculté de courir, chez le père et chez la mère, que de rechercher en l'un du fonds, et en l'autre de la vitesse. Il va sans dire, qu'autant que possible, l'étalon et la jument seront toujours choisis d'un sang reconnu posséder la vitesse, le fonds, et la bonne constitution.

Il existe un préjugé insoutenable en ce qui concerne les races à la mode ; mais quand un homme élève dans le but de faire une spéculation ( il y en a fort peu qui en aient un autre), il est obligé fort souvent d'y sacrifier, sous peine de perdre son temps et son argent. Il en serait autrement, si l'absurde fascination pouvait être détruite, et si la vérité se faisait jour : jusque-là, il faut suivre le torrent et travailler pour la mode, en adoptant les croisements qu'elle indique : heureux quand quelque sujet supérieur apparaît, et qu'on peut puiser à la même source ; mais malheureusement ce fait est trop rare, et plus souvent dû au hasard qu'à des combinaisons raisonnées. On ne peut donc rien ériger en doctrine, tant qu'on s'écartera des préceptes qui doivent servir de bases à tout système rationnel d'élève du cheval pour la course et pour la chasse.

J'ai dit plus haut ce que je regardais comme des conditions *sine qua non ;* malheureusement les races ou familles de chevaux à la mode sont très-défectueuses, et remplissent trop rarement quelques-unes de ces conditions ; aussi, si on leur rendait justice entière, elles seraient rejetées pour la plupart impitoyablement ; mais loin de là, si un cheval a été assez heureux pour gagner une de ces courses qui à tort ou à raison font la réputation des vainqueurs, ou bien s'il est le père d'un de ces chevaux dont le nom se répète de club en club, d'hippodrome en hippodrome, fût-il des plus mal conformés, de race croisée, de mauvaise constitution ; possédât-il toutes les tares héréditaires qui peuvent être réunies sur un cheval, il n'en sera pas moins reconnu et proclamé l'étalon fashionable du jour !

Cependant il se présente souvent des circonstances qui seraient de nature à détruire ou tout au moins à diminuer les préjugés existants à ce sujet au delà de toute raison. Il ne faudrait pour cela qu'ouvrir les yeux, et se rappeler combien de chevaux appartenant à ces races dites *à la mode*, qui, après avoir terminé leur brillante carrière de course, sont réputés devoir être aussi bons producteurs qu'ils ont été bons coureurs, et sur la foi de leur réputation obtenant les meilleures juments, causent plus tard un grand désappointement à ceux qui les emploient sur la foi des prôneurs.

De tout temps, le mérite réel d'un cheval ne suffit pas pour établir sa réputation, tandis qu'il n'est pas rare de voir un cheval d'un mérite très-secondaire, tomber dans des mains habiles qui savent le vanter à propos et le mettre à la mode, sans que rien justifie cette faveur.

D'un autre côté, il arrive quelquefois qu'un cheval tout à fait supérieur, placé dans un endroit écarté du royaume et appartenant à une personne n'ayant ni le talent de faire valoir le mérite de son étalon, ni la possibilité de lui procurer de bonnes poulinières, demeure ignoré jusqu'au moment où, par un heureux hasard, il sort de son accouplement avec l'une des juments médiocres qui lui sont amenées, souvent à regret, un sujet dont les qualités transcendantes dévoilent celles de son père.

Un cheval peut être bien né et avoir bien couru et ne faire au bout de tout cela qu'un médiocre étalon. Il est donc plus important de choisir ceux qui ont produit de bons coureurs que ceux qui ont bien couru eux-mêmes. Mettez-les à l'épreuve, me dira-t-on : c'est très-bien, le moyen est excellent ; mais, croyez-moi, laissez tenter cette épreuve à ceux qui aiment les expériences à faire, et tenez-vous-en aux expériences toutes faites.

*Master-Henry* peut être cité comme un exemple de ce que je viens d'avancer.

Il en est de même de *Spectre* et de *Middleton*.

2.

Une grande attention doit être donnée à la structure anatomique des étalons. Ce même *Master-Henry*, dont je viens de parler, quoique très-bon cheval, n'était pas aussi bien proportionné qu'on aurait pu le désirer. Il avait toute l'apparence de la force, mais il était extrêmement matériel et pesant dans ses épaules, qui étaient droites et peu en rapport avec les membres. Ses jambes antérieures étaient aussi trop droites, sa tête trop forte et son regard méchant.

La progéniture de *Master-Henry* a hérité de ses défauts, et s'il produisit quelques bonnes poulinières, on ne connaît pas un cheval de course, même médiocre, sorti de lui.

*Spectre* fut un cheval court, épais, d'un caractère taquin, difficile ; il ne possédait, en apparence, aucune des qualités extérieures exigées dans le cheval de course et paraissait tout à fait propre, au contraire, à porter un pesant cavalier pour la route et le voyage. Comment arriva-t-il que ce cheval si fortement établi, si près de terre, si lourd en apparence, pût courir? La chose est surprenante, mais réelle cependant. Qu'est-ce que cela prouve, sinon qu'il n'y a pas de règle sans exception (1)?

La taille de nos meilleurs chevaux est ordinairement de quinze paumes deux à trois pouces (environ 1 m. 58 c.) : avec des membres proportionnés, cette taille est suffisante et peut être donnée comme modèle.

*Harkaway*, l'un de nos meilleurs étalons, est un peu plus grand que cette mesure.

*Rowton* et *The Colonel*, dont on connaît les qualités et la réputation, sont au-dessous.

*Vélocipède*, *Deffence*, *Elis*, *Don John*, *Lottery*, *Filho da Puta*, *Sir Hercules*, ainsi que beaucoup d'autres que je pourrais citer et qui jouissent d'une juste célébrité, seraient au besoin la preuve que la taille que j'ai indiquée et qui est plus élevée que la leur, est suffisante et au delà.

Comme pour ce qui concerne la taille, la longueur de l'étalon et

---

(1) *Spectre* est mort dernièrement à Cluny (France); il avait 26 ans.

de la jument est chose fort importante, et si l'un et l'autre sont trop longs, ce ne peut être un accouplement convenable ; mais aussi, il faut bien se garder, comme le font certains éleveurs, de donner un étalon très-long à une jument très-courte, et *vice versa*. Un juste milieu est ce qu'on doit chercher en pareil cas, pour obtenir de bonnes proportions dans les produits ; qu'on se souvienne toujours que les extrêmes sont dangereux en toute chose. D'après ce même principe, il est nécessaire, jusqu'à un certain point, de considérer les allures de l'étalon et celles de la jument, et d'établir des rapports entre elles : car de leur perfection réciproque, il doit résulter celle des allures de leurs produits. Ainsi, si la jument a un galop trop allongé et peu répété, il serait possible de remédier à ce défaut en lui donnant un étalon dont l'allure serait plus courte et plus vive ; et *vice versa*. Si elle s'enlève beaucoup, donnez-lui un étalon qui court près de terre, etc. Ces différentes choses sont de peu d'importance ; mais comme elles peuvent venir en aide à de plus essentielles, j'ai cru devoir les mentionner. Et puisqu'en matière de course personne ne voudrait risquer d'élever des poulains sans être certain d'un certain degré de perfection dans les producteurs à employer, il est nécessaire d'indiquer ce qu'il est essentiel de rechercher et ce qu'il est bon d'éviter, afin d'arriver, sinon à la perfection dans le mâle et dans la femelle, tout au moins à un état satisfaisant par suite duquel si quelques-unes des conditions les plus importantes ne sont pas remplies dans l'un, elles le soient dans l'autre, ou, en d'autres termes, que les défauts de celle-ci soient neutralisés par les qualités de celui-là.

Enfin, pour terminer cette partie si essentielle de mon travail, je dirai que la chose la plus importante est d'éviter en tout les disproportions.

Il est un fait assez remarquable et qui doit paraître extraordinaire, c'est que, généralement parlant, les plus célèbres étalons n'ont montré leur supériorité que dans un âge avancé. *Marske*, père d'*Eclipse*, était âgé de 14 ans quand ce dernier vint au monde. *Sir Peter* produisit ses meilleurs poulains alors qu'il avait 12 ans. *Waxy* fournit plus d'un exemple de ces patriarcals exploits. *Whalebone* naquit quand son père avait **17** ans, et *Whisker* lorsqu'il en avait **22**. *Langar* avait 16 ans quand il produisit *Elis*.

Je pourrais citer un beaucoup plus grand nombre de noms à l'appui du fait que je viens d'avancer; mais je crois avoir prouvé d'une manière suffisante sa réalité (1). Il en est un autre dont je dois m'occuper, car il mérite la plus grande attention. Je veux parler de la dégénération des chevaux de l'époque actuelle.

Sur ce sujet délicat et difficile à traiter, les opinions sont divisées, et de part et d'autre on ne manque pas d'arguments pour formuler sa manière de voir ; mais quelles preuves peut-on fournir à l'appui? quels moyens peut-on employer pour résoudre la question d'une manière positive? comment apprécier le mérite des chevaux du temps passé et celui des chevaux de notre époque, puisqu'on ne peut les comparer entre eux?

Les épreuves ne se font que dans les différentes familles de chevaux de course actuels.

Les comparaisons n'ont lieu que d'après les traditions, les écrits, les souvenirs de l'époque qu'on veut préconiser aux dépens de la nôtre.

---

(1) Il paraîtra étonnant à nos lecteurs, aussi bien qu'à nous, que l'auteur anglais se soit borné à l'énonciation d'un semblable fait; ils regretteront, nous en sommes certains, qu'il n'ait pas cherché à l'expliquer et à en trouver les causes. Sans prétendre en aucune façon remplir complétement la lacune qui frappe nos yeux et notre esprit, nous osons hasarder une simple question. Ne serait-on pas fondé à penser que, si un assez grand nombre d'étalons de pur sang devenus célèbres par leurs exploits sur l'hippodrome n'ont fondé leur réputation comme producteurs que dans un âge déjà avancé, cela ne vient que de ce qu'ils sont seulement alors entièrement affranchis de l'influence incontestable de l'entraînement et des courses sur leur organisme, et qu'enfin ils sont revenus tout à fait à l'état normal?

Cette question paraîtra peut-être fort mal sonnante à certains amateurs fanatiques des courses et des pratiques préparatoires que nous nommons *l'entraînement* ; mais peut-être leur serait-il difficile d'y répondre autrement que par l'affirmative, et plus d'un Anglais de bonne foi ne nous répondrait pas autrement?                                A. de M.

Sans vouloir décider la question, il est un fait certain qui serait en faveur des chevaux de course d'il y a quarante ou cinquante ans : c'est qu'alors leur préparation, ce qu'on appelle l'entraînement, était beaucoup moins bien entendu qu'aujourd'hui. Conséquemment, si les chevaux du temps passé ont pu faire d'aussi belles courses qu'on nous le dit, il fallait qu'ils fussent en effet supérieurs à ceux de ce temps-ci. Mais s'ils revenaient pour lutter contre ces derniers, il est probable qu'ils seraient battus : car chacun sait qu'un cheval bien préparé amené sur le terrain peut en battre vingt mal entraînés, ce qui, du reste, malgré cette apparente supériorité, ne prouverait autre chose, sinon que ce cheval vainqueur se trouvait en de meilleures mains et en meilleure condition que ses rivaux.

On peut encore ajouter qu'outre les courses de 4 milles de nos grands-pères et nos courses à courtes distances du moment actuel, il y a une très-grande différence, tout à fait à l'avantage des anciens chevaux.

Admettant que les chevaux de notre temps ont dégénéré, il faut chercher à leur rendre leur supériorité passée, et, pour cela, le meilleur moyen à employer, c'est de mettre le plus grand soin à l'appropriation des races semblables et à la conservation de la pureté des souches, qui, j'en suis convaincu, sont aujourd'hui très-supérieures à celles d'autrefois. Conservons donc notre sang actuel pur de toute souillure de sang étranger, mais en même temps, je ne saurais trop le répéter, évitons les accouplements incestueux. Quelques personnes prétendent encore qu'il faut préférer les races étrangères et revenir au système par lequel on a créé nos premières races, qu'on sait avoir été formées de sang étranger élevé dans le pays. Si ces personnes veulent en essayer de nouveau, je les engage à introduire en même temps le père et la mère d'origine étrangère ; car l'expérience a prouvé plus d'une fois que le croisement du sang étranger avec ce que nous appelons, avec raison, la race anglaise, ne produit rien de bon et n'amène que des désappointements. Mais quelque chose qu'on fasse, quelque moyen qu'on emploie, une semblable épreuve demanderait un long espace de temps pour produire de bons résultats. Chacun sait que rien de supérieur ne peut être espéré dans les premièresgénérations, jusqu'à ce qu'elles soient tout à fait naturalisées et faites à la nourriture et au climat (1).

C'est par la culture, les soins, l'intelligence que toutes les productions de la nature se perfectionnent, s'augmentent, et deviennent plus utiles à l'espèce humaine.

Une nourriture grossière, malsaine, ou peu substantielle, est souvent la cause de la dégénération de l'homme. Il en est de même pour les chevaux et les autres animaux. Cette cause de dégénération, combinée avec l'inclémence, l'âpreté du climat, fait que les sauvages du nord de l'Amérique sont restés petits, mal proportionnés et sans intelligence.

L'influence de l'air, de la nourriture et du sol est si grande sur les chevaux, que dans certains pays les races d'Espagne, d'Afrique, d'Asie, ont dégénéré très-promptement, tellement qu'à la troisième génération au plus, leurs descendants sont entièrement revenus au type indigène. Mais le sang n'en a pas moins été renouvelé par la race pure et primitive, ce qui est toujours d'un grand avantage.

Cette question de la dégénération des races chevalines est d'une si grande importance, que nous y reviendrons plus tard dans un chapitre spécial.

Pour les bestiaux en général, un climat approprié à leur constitution produit des effets surprenants, et souvent, après deux ou trois générations, ils deviennent supérieurs à la race d'où ils sortent. Ainsi, j'ai observé ce phénomène, bien et dûment prouvé, sur des vaches changées de place, mais seulement transplantées à quelques milles du lieu de leur naissance.

J'ai vu de même des bestiaux appartenant à une certaine race beaucoup mieux réussir et profiter que d'autres, dans des fermes voisines les unes des autres, et placées dans les mêmes conditions de sol, de température, de soins, etc.

Ce phénomène est digne de l'attention de l'éleveur ; car il est aussi nécessaire d'en étudier les effets sur les chevaux que sur les bestiaux,

---

(1) Il est bien entendu que par race étrangère l'auteur ne prétend parler que des races orientales qui ont servi à créer la race anglaise pur sang.

A. de M.

bien qu'on ne puisse peut-être en retirer une aussi grande utilité, et des résultats aussi positifs et aussi apparents.

Depuis quelques années on a introduit dans les courses une espèce de chevaux nommés *cocktail* ; ces chevaux, quoique la plupart de pur sang, ne sont pas tracés au *Stud-Book*, et par conséquent jouissent de la remise de poids accordée aux chevaux qui ne sont pas reconnus de pur sang. Cette fraude devient de jour en jour plus fréquente, en raison de la facilité qu'on a de la faire admettre et de la dissimuler.

Il arrive donc très-souvent qu'un cheval qu'on présente sur l'hippodrome comme n'appartenant point à une famille noble et pure, en est un des membres les plus distingués, et bat facilement, avec l'aide de la remise de poids qui lui est faite, les chevaux qui se sont le plus montrés dans nos grandes courses.

En citant ce fait, je ne prétends pas en conclure qu'il n'existe pas parmi les véritables *cocktails* qu'on fait courir, des individus de mérite, bien qu'il y ait quelque tache dans leur origine, et qu'ils ne soient que très-près du sang ; mais je puis assurer que, dans ce cas, si on veut remonter à la source, on reconnaîtra bientôt que la tache vient du côté de la mère. A peine pourrait-on citer un exemple d'un *cocktail* supérieur qui n'eût pas pour père un étalon de pur sang.

Qu'en conclure, sinon que cette vigueur qui a rendu le cheval de pur sang si justement célèbre, lui est transmise par son père.

Le sang arabe ne peut rien produire de bon pour les courses jusqu'à ce que plusieurs générations l'aient suffisamment établi. Aussi personne ne s'avise de se servir du petit nombre des étalons orientaux, qui de temps en temps sont importés en Angleterre. Il n'en est pas de même dans l'Inde, où quelques gentlemen, séduits par le climat qu'ils croyaient favorable, se sont imaginés qu'ils feraient des merveilles en croisant des juments anglaises avec l'étalon arabe, et n'ont rien obtenu de bon, de passable même, tout en dépensant beaucoup d'argent.

En pareille matière il faut se défier de son imagination, ne se laisser aller à aucune prévention, repousser les préjugés, surtout lorsqu'il s'agit du choix des juments et des étalons. Eleveurs qui me lisez, gardez-vous de faire des élèves d'une jument qui n'est pas recommandable par quelque côté, et ne vous servez jamais d'un étalon par cela seul qu'il vous appartient ou à un de vos amis, à moins qu'il ne remplisse ou à peu près les conditions voulues, ne convienne par quelque côté à votre jument, et ne soit le père de bons chevaux.

# DES LOCALITÉS

## PROPRES A L'ÉLÈVE DES CHEVAUX.

---

Une des choses les plus essentielles pour élever des chevaux, c'est la nature du sol, sa qualité, sa position.

Le continent ne convient pas au cheval de race pure, les chiens mêmes y dégénèrent après quelques générations (1).

---

(1) Une semblable assertion, aussi absolue, aussi généralisée, dénoterait ou une grande ignorance, ou un désir intéressé de jeter une défaveur calculée sur les chevaux de pur sang du continent. Nous n'essaierons pas de combattre une semblable doctrine, quels que soient les motifs qui ont pu la faire mettre au jour : les heureux résultats des essais tentés depuis plusieurs années sur le continent, aussi bien en France qu'en Allemagne ; la vitesse, la vigueur, la beauté des coursiers qui viennent disputer les prix de course sur les hippodromes de toutes les parties de l'Europe continentale, ont été constatées par de nombreuses épreuves, et l'objet de l'admiration de plus d'un Anglais de bonne foi, aussi bien que de l'envie de beaucoup de ces orgueilleux insulaires, qui souffrent lorsqu'ils peuvent craindre de se voir surpasser ou même égaler dans les industries où ils excellent, ou croient exceller.

S'il y a en effet prompte dégénération dans les races d'animaux importés sur le continent et surtout en France, cela n'a point pour cause la nature du sol et du climat ; car ces éléments d'une bonne production sont aussi bons et même meilleurs dans cette dernière contrée qu'en Angleterre, à coup sûr : la véritable raison de l'infériorité des produits animaux et de beaucoup d'autres de différentes sortes, c'est le manque de connaissances dans la science des accouplements et des croisements, et surtout le manque de persévérance dans ceux qu'on essaie. On voudrait obtenir du premier coup les résultats que l'Angleterre n'a obtenus qu'au bout d'un siècle, comme on coule une statue du premier jet. Ne cherchez donc point ailleurs les causes de notre infériorité chevaline, bovine et ovine ; ce ne sont pas les éléments d'une bonne production qui nous manquent, mais bien les hommes pour les mettre en œuvre. A. de M.

Il est donc indispensable de choisir un lieu convenable pour élever les animaux selon leur caractère, leurs habitudes et leur constitution.

Les chevaux élevés dans les pays marécageux ou seulement dont le sol est gras et humide, ont les épaules fortes, charnues et lourdes, leurs jambes deviennent grosses ; non pas que les os augmentent de volume sensiblement, mais parce que le tissu qui les couvre s'épaissit, se charge de chair graisseuse et de poil grossier. Leurs muscles n'ont plus cette force, cette souplesse si nécessaires pour la chasse, la course et tous les travaux pénibles ; leurs pieds, toujours exposés à l'humidité, s'aplatissent, s'élargissent, la corne en devient spongieuse, et par conséquent n'est plus en état de préserver le pied intérieur des atteintes causées par le choc des corps durs que peut rencontrer l'animal, ou par un sol pierreux ou trop sec sur lequel il peut être forcé de courir. De là proviennent la plupart des maladies qui sont propres aux pieds du cheval, et son incapacité à supporter la fatigue.

La trop grande et trop constante humidité n'est pas seulement fatale pour les pieds des chevaux, elle est malsaine et influe d'une manière très-fâcheuse sur leur constitution tout entière. Les herbages trop abondants, trop succulents, engraissent les animaux et amollissent leurs muscles et leurs tendons ; tandis qu'il faudrait chercher à produire l'effet contraire chez les chevaux de race pure, ou même chez tout animal destiné à déployer de la vitesse et de la force.

Le terrain sec et ferme est donc le plus convenable pour donner au cheval les qualités désirables et pour l'entretenir dans un bon état de santé. Il vaudrait mieux qu'il y eût excès de sécheresse que d'humidité ; car on peut fort bien, à l'aide de moyens artificiels bien combinés, parer aux inconvénients d'un terrain un peu trop sec, tandis qu'il serait difficile et même impossible de remédier à ceux d'un sol marécageux ou seulement trop humide et trop fertile.

Par exemple, si on s'aperçoit que sur un sol sec et dur, les pieds des chevaux souffrent et ont besoin d'un peu d'humidité, on prépare un endroit dans lequel on met de la terre argileuse mêlée d'eau, et on y laisse les poulains pendant quelques heures de la journée.

Que faire si le sol est trop humide, et que les suites de cette humidité constante se fassent sentir d'une manière fâcheuse ?

Vous n'avez pas d'autre moyen que de conserver vos jeunes animaux dans leurs paddocks; mais alors vous nuisez à leur santé, et de plus vous ne détruisez pas l'influence de l'état de l'atmosphère, qui dans les pays marécageux est constamment nuisible aux chevaux. Aucune puissance, aucun art humain ne sont capables de neutraliser ces effets délétères : ne vous épuisez donc pas en vains efforts, et choisissez tout d'abord un sol plus convenable.

Les terrains sablonneux ou graveleux conviennent parfaitement pour l'élève du cheval.

Une terre légère calcaire et fertile est excellente, pourvu que le sous-sol ne soit pas argileux, et par conséquent imperméable : car dans ce cas les inconvénients des terrains humides se retrouveraient, sinon complétement, du moins en partie. Des saignées peuvent jusqu'à un certain point remédier à cette fâcheuse propriété du sous-sol ; mais il vaut mieux ne point avoir recours à ces travaux dispendieux, souvent impossibles, et toujours insuffisants.

Puisqu'on sait que c'est dans les déserts sablonneux de l'Orient que se trouve cette race de chevaux de laquelle est sortie celle si admirable que nous entretenons chez nous avec tant de succès, il est raisonnable de croire que les terrains sablonneux conviennent au cheval ; d'ailleurs l'expérience nous prouve que la nature a placé les animaux dans les pays et dans les climats qui sont en rapport avec leurs besoins et leur tempérament.

Le sol qui produit une herbe succulente, épaisse et courte, est celui qui convient à l'élève du cheval.

Si la saison est sèche, si le temps n'est pas pluvieux ou humide, on peut couper les trèfles, luzernes ou vesces et les donner à l'écurie. Il faut avoir soin d'avoir toujours de ces fourrages artificiels en cas de besoins imprévus ; tels que le manque d'herbes naturelles. par différentes causes.

Si les pâturages croissent trop abondamment, il faut y mettre des moutons, des vaches ou des bœufs ; mais alors les chevaux doivent en être exclus : car les bêtes à cornes sont une compagnie dangereuse pour eux.

L'eau est indispensable dans les herbages, et s'il ne s'y en trouve pas tout naturellement, on devra chercher à en amener par des conduits. On y établira des pompes ; les étangs sont mauvais : pendant les chaleurs l'eau s'évapore, et souvent la vase mise à découvert laisse échapper des exhalaisons malsaines. D'un autre côté, cette eau stagnante est très-nuisible au lait des juments, et par conséquent aux jeunes animaux (1).

Comme il est dangereux de mettre trop de juments et de poulains dans la même prairie, il serait bon de diviser les herbages par des haies ou des palissades, on éviterait par ce moyen les coups de pied, les morsures, et, par suite, un grand nombre d'accidents fâcheux pour l'avenir des jeunes animaux.

---

(1) C'est surtout lorsque les juments, pendant les grandes chaleurs, cherchent la fraîcheur de l'eau des étangs et s'y tiennent quelquefois fort longtemps, que cela peut leur nuire ainsi qu'à leurs poulains.

# PRÉCAUTIONS A PRENDRE

## CONTRE LES ACCIDENTS.

L'inconstante et volage fortune est sans doute pour beaucoup dans les succès qu'on obtient sur l'hippodrome ; mais avant d'attribuer au hasard la plupart des événements heureux ou malheureux de ce grand jeu qui fait et défait si promptement tant de fortunes, il serait plus sage et plus utile de remonter à leurs causes : car presque toujours avec plus de prévoyance, d'habileté et de soins, on aurait pu en prévenir une grande partie.

Malheureusement il est peu d'hommes disposés à douter de leur capacité en ce qui concerne la connaissance et l'élève du cheval, et si quelque chose s'oppose à la réussite de leur entreprise, ils s'en prennent à leur mauvaise fortune : rien ne leur réussit, un mauvais génie s'attache à tout ce qu'ils font, et autres choses semblables. Ces imputations sont fort commodes pour se décharger de l'accusation de négligence ou d'ignorance qu'on pourrait porter contre ces éleveurs si constamment malheureux.

Quand un homme déclame toujours contre le *guignon* qui le poursuit, défiez-vous de sa manière d'élever, et examinez avec attention toutes les parties de son établissement de haras ; qu'il soit petit ou grand, vous ne tarderez pas à y découvrir des raisons suffisantes pour vous donner l'explication de ce *guignon* si constant.

Là vous trouverez des clôtures en désordre, ce qui permet aux jeunes animaux de se visiter, de se battre, et de s'estropier.

Ici vous rencontrerez dans les herbages des objets contre lesquels les poulains peuvent se frapper en jouant.

Si vous inspectez la qualité des fourrages, vous les trouverez soit

3.

d'une mauvaise nature, soit mal récoltés. L'eau sera mauvaise, le sol ou trop sec ou trop mou ; que sais-je ? une foule de petites choses qui prises isolément ne paraissent avoir qu'une très-faible importance, mais réunies forment un tout d'où dérivent de grands inconvénients.

Si on n'a pas assez de *paddocks* eu égard au nombre de juments qu'on entretient, on est obligé de mettre plusieurs poulinières suitées dans le même pâturage, et il en résulte de fréquents accidents. Il est donc essentiel de diviser et subdiviser le terrain dont on peut disposer, selon le besoin.

Les poulains d'un an auront aussi chacun une *box*; car si on en met plusieurs ensemble, on est certain qu'il en résultera des coups et des morsures dont plus tard on aperçoit les suites. Ces jeunes animaux, même en jouant, courent risque de s'estropier pour toujours. Ne leur donnez donc pas cette facilité : précaution vaut mieux que guérison.

Toutes les spéculations humaines sont incertaines, conçues et dirigées par le chef le plus habile, le plus expérimenté et le plus soigneux.

Un établissement destiné à l'élevage des chevaux est plus que beaucoup d'autres exposé à des chances malheureuses, à de nombreux accidents imprévus. Combien ne seront-ils pas augmentés, si celui qui l'a formé et le dirige manque d'expérience, d'activité, de prévoyance !

Je ne puis trop le répéter aux éleveurs de chevaux : l'œil du maître à tous les instants du jour et dans toutes les parties de l'établissement ; aucune négligence, une attention constante, une étude soutenue, sans quoi point de réussite !

# CONSTRUCTION

# DES HANGARS.

—

La construction de hangars est indispensable et d'une grande importance pour donner la facilité aux animaux de se préserver des injures de l'air, de la pluie, du vent, du froid, de la trop grande ardeur du soleil, etc., quand ils en éprouvent le besoin.

Ces bâtiments peuvent être établis en planches seulement, ou construits plus solidement en briques ou en pierres. Ce dernier mode est préférable au premier, étant plus solide, plus chaud dans la saison froide, plus frais dans la saison chaude.

Les hangars peuvent être couverts en ardoises ou en tuiles, et même en chaume.

L'intérieur de ces petits bâtiments peut être d'environ cinq à six mètres de long sur quatre à cinq mètres de large. La hauteur sera de trois mètres. Les portes auront au moins un mètre un quart de largeur et un mètre et demi de hauteur. Les coins de ces portes doivent être soigneusement arrondis, afin d'empêcher les poulains en entrant et en sortant de se blesser.

Une fenêtre sera pratiquée dans chaque hangar, mais placée très-haut, afin d'empêcher qu'elle ne soit brisée par les jeunes animaux.

Il faudra deux crèches, une à chaque coin, mais peu élevées, pour donner aux poulains la facilité d'y manger commodément.

On peut, si on le préfère, n'avoir qu'une seule crèche, s'étendant alors sur tout un côté du hangar.

Les râteliers sont inutiles si les crèches ou mangeoires sont assez larges et assez grandes.

Il est nécessaire d'avoir toujours de l'eau dans les hangars ; cette eau sera conservée et entretenue dans une auge en pierre placée dans l'un des coins derrière la porte. Des conduits, qui amèneraient l'eau d'une pompe dans chaque hangar, seraient préférables sans contredit à tout autre moyen. Car, fort souvent l'embarras de charrier l'eau, la paresse naturelle aux hommes chargés de ces petits soins, dont ils ne comprennent jamais l'utilité, font que quelques-uns sont négligés. Le besoin d'eau est impérieux, et il pourrait résulter de graves inconvénients de sa privation, non pas seulement pour une poulinière suitée, mais aussi pour toute autre espèce de cheval.

Le milieu du *paddock* ou un endroit situé à quelque distance des clôtures, est la meilleure place pour établir le hangar, parce qu'à ce moyen il n'y a ni coins ni angles saillants.

Il y a des personnes qui, par économie, établissent plusieurs hangars l'un à côté de l'autre, et ne forment qu'un seul corps de bâtiment dont les portes donnent sur plusieurs *paddocks* ; je préfère beaucoup l'isolement de chaque hangar, et conseille aux éleveurs ce dernier mode.

Il est nécessaire d'établir devant la prairie une cour de quinze mètres carrés environ entourée d'un mur assez élevé pour empêcher les poulains de se voir et d'essayer de le franchir.

Si le sol de cette cour était trop sec et trop dur, il sera bon de l'arroser de temps en temps. On pourra même, si besoin est, former un sol artificiel plus favorable aux pieds des chevaux (1).

Les portes doivent avoir des verrous en bois et faits de telle sorte que les chevaux ne puissent les ouvrir. Il faut aussi un crochet et son piton pour maintenir les portes ouvertes, afin de laisser aux juments et poulains la liberté d'entrer et de sortir quand bon leur semble.

Dans quelques établissements tous les hangars sont placés dans

---

(1) Ce qu'il y a de meilleur pour former le sol des hangars, est l'argile mêlée de cendres : liées ensemble par l'eau elles forment une surface ferme et sèche, mais douce, préférable à la brique ou à la pierre, qui sont trop dures pour les poulains.

une cour contiguë à la maison d'habitation du *Stud-Groom* ou chef des écuries du haras, au lieu d'en avoir un dans chaque *paddock*. Cet arrangement oblige de ramener les juments et les poulains pour la nuit, et même dans la journée lorsque le temps l'exige.

Je ne suis pas partisan de ce mode, par suite duquel les animaux n'ont aucune place pour se retirer volontairement et se mettre à l'abri des injures de l'air, soit de la pluie arrivant inopinément, soit de la grande ardeur du soleil, etc., ce qui est très-nuisible aux poulains, pour lesquels une pluie froide et violente peut être très-préjudiciable. Ces jeunes animaux ne sont pas vêtus de manière à résister à l'humidité et au froid ; les mauvais effets qu'un changement de température opère sur leur constitution délicate sont beaucoup plus grands qu'on ne saurait l'imaginer. Je recommande donc aux éleveurs de prendre à ce sujet les plus grandes précautions et d'éviter qu'un poulain soit jamais laissé dans un état complet d'humidité. Les ondées sont nuisibles, à plus forte raison une pluie continuelle pendant plusieurs heures ne peut être sans danger.

Je le répète, il faut que les animaux aient la possibilité de rentrer à l'abri quand ils en sentent le besoin.

DES

# CLOTURES DES PRAIRIES.

—

Les prairies doivent être entourées de clôtures propres à prévenir les accidents qui résultent de la réunion des jeunes animaux, et en même temps, composées de matières de telle nature qu'elles ne soient pas elles-mêmes la cause première de dommage quelconque.

Les murs de briques ou de pierres sont, selon mon opinion, la meilleure clôture, mais fort chers à établir.

Des haies vives sont beaucoup moins dispendieuses, et quand elles sont bien venues elles offrent abri, sécurité et des obstacles suffisants pour empêcher les poulains de communiquer entre eux (1).

Il faut éviter les fossés, à moins qu'ils ne soient entourés de barrières ou grilles en bois : car les poulains pétulents, étourdis, téméraires de leur nature, ne manqueraient pas d'y tomber, et d'en sortir estropiés pour toujours. D'un autre côté, quand les juments sont pleines et prêtes à mettre bas, il y aurait danger pour elles d'y rouler et d'y rester si on ne venait les en tirer : chute qui dans tous les cas pourrait avoir des suites fâcheuses pour elles et pour le poulain qu'elles portent.

Les portes d'entrée des prairies doivent être protégées et précédées par des barrières en bois placées à une certaine distance, un mètre et demi environ, afin d'éviter qu'au moment d'ouvrir la porte, les jeunes animaux ne se précipitent pour entrer tous ensemble, ce

—

(1) Les haies sont bien supérieures aux palissades, à moins que ces dernières ne soient pleines, et alors elles reviennent à un prix aussi élevé que les murs sans être d'une aussi grande durée et sans offrir les mêmes avantages.

qui pourrait occasionner des accidents. Les barres de ces barrières devront se lever et se baisser facilement, ou plutôt se tourner de côté à volonté, sans effort et sans peine.

En thèse générale, tous les endroits étroits, tous les coins et angles dans lesquels les juments ou poulains peuvent être conduits par une cause quelconque, doivent être évités avec le plus grand soin, et même on doit chercher à leur donner partout assez d'espace pour que dans leurs jeux ils puissent se retourner facilement dans tous les sens.

# NATURE

# DES HERBAGES.

———

L'herbage le plus convenable au cheval semble être les différentes sortes de trèfles, et le sainfoin surtout. Si ces plantes fourragères ne croissent pas spontanément dans les prairies qu'on possède, il faut les y introduire, en assurer et en avancer la récolte en y jetant de la semence au commencement du printemps, tandis que la surface du sol est encore humide, et en faisant parcourir la prairie par une troupe de moutons, qui, en même temps qu'ils la fumeront, pâtureront les autres herbes, briseront les anciennes, et rouleront en quelque sorte le terrain. Avec l'emploi de ce moyen, le succès sera assuré.

Le regain ne vaut rien pour les juments et les poulains; il leur cause des inflammations d'estomac et d'intestins, desquelles il résulte des flux de ventre; j'ai eu plusieurs exemples de ce mauvais résultat.

En thèse générale, le succès d'un établissement affecté à l'élève du cheval dépendra toujours en grande partie de la qualité de la terre et de la situation des herbages; l'un et l'autre sont importants, et ne peuvent être séparés; le sol le plus fertile, le plus sain, ne produira rien de bon si la situation n'est pas favorable.

Les prairies doivent être abritées, cependant sans être enfermées et ombragées spécialement par un trop grand nombre d'arbres situés dans leur voisinage immédiat.

Ces arbres, en quantité raisonnable, peuvent servir à préserver les herbages des vents froids du nord; les pins et sapins sont excellents pour remplir ce but, en les plaçant à petite distance.

On peut aussi planter quelques arbres pour protéger les hangars des rayons brûlants du soleil, ce qui complétera l'abri offert aux animaux.

Une grande attention doit être donnée à la qualité du foin destiné aux chevaux de race pure. Celui qui provient des pays montueux et qui est le produit d'une terre fumée est le meilleur.

Pour faire le foin pour les chevaux, il convient de prendre beaucoup plus de soin que pour le bétail. Pendant la fenaison, il faut qu'il soit longtemps exposé à l'influence du soleil et de l'air, et qu'un grand nombre de bras soient employés à le secouer, à le remuer, à le retourner dans tous les sens, afin de le diviser aussi complétement que possible, et le faire arriver à une dessiccation complète, qui le préserve de s'échauffer et de se moisir lorsqu'il sera en meule, ce qui serait très-malsain pour les chevaux.

La nature a donné aux animaux l'instinct de rejeter toute nourriture qui pourrait leur être nuisible ; mais une faim pressante les fait passer par-dessus leur dégoût et l'avertissement de la nature ; alors il en résulte des maladies fréquentes et dangereuses.

Le foin qui a été exposé à la pluie doit être rejeté, car, en même temps qu'il est moins substantiel, il cause généralement une grande distension aux boyaux, et rend par suite les animaux ventrus ; il donne aussi des vents , et, bien que plusieurs personnes affirment que les vers se trouvent tout naturellement dans les intestins du cheval, je conseillerai toujours d'éviter ce genre de nourriture, étant convaincu de ses mauvais résultats sous ce rapport.

# DE LA SYMÉTRIE

DANS LES PROPORTIONS DU CHEVAL.

Sans proportions, aucune machine ne peut fonctionner , tandis qu'avec la justesse dans les proportions, le mouvement, l'action, la durée sont assurés d'une manière certaine.

Plus une machine est compliquée, plus est grand le nombre des parties dont elle se compose, plus il y aurait de danger à l'établir en dehors des règles établies par la nature et fixées par la science et l'expérience.

Quand on contemple l'harmonie, la concordance admirable et extraordinaire qui existe entre les différentes parties dont se compose le cheval, on est bientôt porté à déclarer que c'est bien la plus merveilleuse mécanique qui existe.

Je vais essayer d'indiquer ces différentes parties et le rapport qui doit exister entre elles.

L'une des plus importantes et qui demande le plus d'attention, c'est tout ce qui appartient à la charpente qui sert à réunir l'avant-main à l'arrière-main, toute la région *dorsale* enfin, que nous nommons communément le dos, les reins : car je suis convaincu que le plus ou le moins de force, de puissance, dans un cheval, dépend de la structure de cette partie de la charpente osseuse.

L'action des parties antérieures (avant-main) est subordonnée à la forme et position des épaules, et à la manière dont elles sont réunies à la portion de l'épine du dos qui les avoisine, et le plus ou le moins de puissance du levier produit par les parties postérieures (l'arrière-main) provient de la manière dont les os des hanches, des cuisses, sont placés et attachés, dans la région *pelvienne*, à la partie de l'épine dorsale qui les touche.

La force des reins doit être considérée comme la preuve certaine d'une conformation propre à faire porter des poids considérables et à faire parcourir de longues distances à l'animal chez lequel on la reconnaît. On peut même dire que c'est une condition *sine quâ non*, pour cette destination.

On croit généralement faire un grand éloge d'un cheval quand on dit : il a le rein court ; par là on entend qu'il y a peu de distance entre les os des hanches et le garrot ; généralement on a raison ; cependant un cheval peut avoir l'épine du dos longue, sans pourtant être faible ; mais pour cela il faut qu'il ait les hanches et les reins larges, que les quartiers soient bien proportionnés dans leur longueur, et qu'il y ait de la force musculaire.

Avec ces conditions on pourra compter encore sur de bons résultats dans les courses, sans lesquelles l'utilité et les qualités du cheval sont tout naturellement mises en doute. Pour apprécier la puissance qu'un cheval de course déploie quand il est vainqueur, on ne peut s'en rapporter au jockey qui monte le vaincu : car, tout mortifié de sa défaite, admirant la puissance de son heureux adversaire, il peut difficilement se rendre compte de ses causes.

Les chevaux qui ont les reins bas (ce qu'on désigne aussi en disant qu'ils sont ensellés) ne sont pas toujours, malgré l'apparence et l'opinion assez généralement accréditée, ne sont pas toujours, dis-je, aussi faibles qu'on le croit ; mais on doit donner une grande attention à cette conformation, et si, avec les reins bas on s'aperçoit de la faiblesse dans cette partie, l'animal doit être rejeté ; à moins que ce ne soient de vieux étalons ou de vieilles juments qui, après avoir été longtemps employés à la reproduction, n'ont acquis ce défaut que par suite de l'âge : car alors je conseillerai plus d'indulgence et n'en ferai pas une cause de rejet absolu.

Après avoir parlé des reins et du dos, je m'occuperai des quartiers, en disant que pour que cette partie soit bien proportionnée, il faut qu'elle soit longue de la hanche au jarret, tandis que du jarret à terre il y a peu de distance, ce qui veut dire que le canon devra être court.

Avant tout , les hanches doivent être larges et non effacées ; la saillie des gros os ne doit point effrayer l'amateur, car elle est une preuve de force et de solidité.

Les muscles de la cuisse appelleront fortement son attention ; car de leur entier et grand développement dépend, en matière de course surtout, la vigueur, l'avenir, les succès de l'animal. Ceux du jarret, du grasset ne sont pas moins importants ; ils doivent être fortement prononcés, et en rapport entre eux ; de cette harmonie dépend la plus grande force du levier qui doit chasser les parties antérieures.

Passons maintenant à la position des épaules ; il y a absolue nécessité qu'elles soient inclinées vers le dos , auquel elles se rattachent, car profondeur et obliquité dans les épaules sont ordinairement accompagnées de profondeur de poitrine, ou de *profondeur de sangle*, pour m'exprimer comme le font certains amateurs, conformation indispensable pour le libre exercice des fonctions respiratoires et de la circulation du sang pendant les grands efforts que font les chevaux dans les courses ou à la chasse : la largeur et l'épaisseur du corps vers la région du cœur est un autre point fort important.

La position des jambes est aussi chose essentielle.

Quand le cheval est dans une position naturelle , son corps doit se balancer entre ses jambes de devant et celles de derrière, de telle sorte que ces dernières soient placées de manière à arriver bien au-dessous du corps quand l'animal est en mouvement ; et que la partie postérieure du quartier fasse une ligne parallèle avec les jarrets. De la longueur des épaules, de leur degré d'inclinaison correspondante et harmonisée dans les quartiers et les cuisses , dépend et découle la liberté des mouvements et l'extension de chaque enjambée, cause de la supériorité de l'animal dans tout ce qui exige de la vitesse et du fonds.

La manière dont l'encolure sera réunie aux épaules influera naturellement sur la grâce et en quelque sorte sur la bonté de l'action. Les chevaux qui ont l'encolure grêle et courte courent peu agréablement, et sont peu vites. On ne sait jamais où est leur tête ; et si

4.

vous voulez les diriger de côté, vous avez ordinairement le plaisir de faire tourner la tête, mais sans que le corps bouge le moins du monde. Outre cela, de tels chevaux sont disposés à porter leur tête ridiculement haute en avant, position désagréable pour le cavalier, et peu favorable pour la vitesse. Pour être dans de bonnes proportions, l'encolure doit sortir des épaules par une courbe peu prononcée, et alors, si l'animal a la tête bien attachée, cela ajoutera infiniment à la grâce et à la perfection de ses allures.

Plusieurs personnes préfèrent une encolure courte, prétendant qu'une telle conformation, plaçant les poumons plus près de l'extrémité des narines, la respiration se fait plus librement.

Comme jusqu'ici je n'ai pas encore vu que les chevaux ayant l'encolure courte soient supérieurs à ceux à encolure d'une longueur modérée et proportionnée au reste du corps, je n'ai aucune raison pour partager l'opinion que je viens de citer. Je dirai de plus que fort souvent les chevaux qui ont l'encolure courte, épaisse et forte, et par conséquent les voies respiratoires gênées, sont fréquemment poussifs. Un large et libre conduit, des ganaches larges, sèches et développées sont désirables et toujours préférables ou supérieures à ceux chargés de chairs et de substances glanduleuses.

On me reprochera peut-être de ne pas m'occuper des proportions symétriques de la tête du cheval; mais comme il n'y a dans cette belle partie de l'animal aucune puissance musculaire, accélérative, propre à augmenter la force ou la vitesse de l'animal, je ne pense pas que ces proportions soient d'une grande importance pour les courses ou la chasse. Je suis d'autant plus porté à émettre cette opinion, que quelques-unes de nos premières et meilleures races sont notoirement connues pour avoir la tête forte, large et peu belle généralement. Par exemple, *Blacklock* a cette partie forte et commune, et la famille de *Vélocipède*, qui descend de cet étalon supérieur, présente le plus ordinairement ces traits caractéristiques.

On peut aussi reprocher à la famille de *Muley* les mêmes défauts. Mais qui aurait jamais la pensée de ne point élever de produits de nos meilleurs étalons par cela seul qu'ils donnent à leurs descendants une tête forte, longue ou un peu commune? Demandez donc seulement, comme tout homme qui s'occupe de courses doit le faire : Peuvent-ils courir ?

Certes, il serait préférable que la tête du cheval fût belle dans toutes ses parties, et qu'elle eût ce cachet des coursiers orientaux qui présente tant de noblesse et dénote une si haute intelligence. Mais ces qualités, qui ne peuvent qu'ajouter au mérite de l'animal, ne sont pas des conditions *sine quâ non*.

Les descendants de *Dick-Andrews* sont généralement très-purs et très-beaux de tête.

La famille de *Walebone* possède aussi des têtes bien faites et caractérisées. *Sir Hercules*, par exemple, fils de cet étalon, est parfait dans cette partie.

Comme je viens de le dire plus haut, la perfection de la forme de la tête en général peut être considérée comme l'une des plus désirables ; et je dois expliquer ma pensée, après avoir pris la liberté de l'émettre, en établissant que ce n'était pas un objet de haute importance.

Ainsi donc j'ajouterai que, si je me garde bien de rejeter un cheval par cela seul qu'il aurait la tête large, longue, forte et commune ; si son sang, sa race, sa conformation et les autres qualités pouvaient faire espérer en lui un bon coureur, je serais aussi peu disposé à choisir ce cheval, à mérite égal d'ailleurs, de préférence à celui qui aurait la tête mignonne et caractérisée. J'ajouterai, afin d'être bien clair pour mes lecteurs et les empêcher de s'y tromper, qu'en élevant pour tout autre usage que pour les courses et la chasse, la beauté, la perfection de la tête, devient alors une considération fort importante et une véritable obligation (1).

Une vérité, qui néanmoins paraîtra peut-être un paradoxe au premier aperçu, c'est qu'une tête de cheval peut quelquefois être trop bien attachée, trop bien placée ; le canal respiratoire trop libre, les ganaches trop sèches et trop évidées. De ces qualités portées à l'excès, il peut résulter, pour le jockey ou pour le cavalier, une grande difficulté d'arrêter son coursier, qui aspire et expire avec

---

(1) Les éleveurs français doivent faire une grande attention à ce passage.

une immense liberté, s'il veut courir. Un accident de ce genre arriva à un gentleman dans Hyde-Park, vers la fin de 1838, et faillit donner une preuve fatale de la vérité du fait que j'avance. Son cheval s'emportant, malgré tous les efforts pour l'arrêter, l'entraîna pendant fort longtemps avec la rapidité de l'éclair, au risque de lui rompre le cou. Ce gentleman, me racontant cet accident, m'assura que ce cheval avait la bouche parfaite, qu'il portait admirablement la tête, et qu'enfin il le considérait comme étant à l'abri de toute critique sous ce rapport. Je le montai à mon tour, et je découvris bientôt la cause de l'accident arrivé à ce gentleman. Son cheval était un vigoureux et excellent animal ; il pouvait facilement placer sa tête sur son poitrail, et comme sa respiration était très-bonne, il trouvait dans cette position toute espèce de facilités pour s'emporter, sans que rien pût l'en empêcher ou l'arrêter, puisqu'en y essayant on ne pouvait avoir aucune action sur les barres qui se trouvaient appuyées sur sa poitrine.

Un tel défaut ne pouvait être corrigé par la méthode ordinaire de placer et d'employer les rênes. Il fallait nécessairement d'autres moyens pour y parvenir ; ce n'est pas ici le moment de les indiquer.

# MALADIES,

## TARES ET DÉFAUTS HÉRÉDITAIRES.

—

On se donne généralement beaucoup de peine pour se procurer des chevaux et des juments qui aient donné d'assez grandes preuves de leurs qualités, en d'autres termes, qui aient d'assez belles *performances*, pour être à peu près certain que leur progéniture possédera la même supériorité ; mais si on suppose, avec raison, que les semblables produisent les semblables, en ce qui a rapport aux qualités, il est tout aussi rationnel de penser que les défauts de conformation se transmettront également d'individus à individus, et se succéderont de génération en génération.

Comme il serait déraisonnable de croire que les qualités seules se transmettront, la plus grande attention doit être portée sur ce qu'on regarde généralement comme étant tares ou défauts héréditaires.

Si d'un côté on peut regarder que la conformation particulière de certaines parties du cheval le préserve de différentes maladies, de l'autre la conformation mauvaise de ces mêmes parties peut les occasionner.

L'espèce chevaline n'est point sujette à plusieurs des maladies qui attaquent l'espèce humaine.

Le cheval n'est point *scrofuleux* ;

Il n'a pas la goutte : deux maladies spécialement et sûrement héréditaires.

Les rhumatismes sont dans le domaine du cheval ; ils proviennent généralement du peu de soin qu'on met trop souvent à préserver ces animaux du froid, à les empêcher de coucher dans des endroits humides, sur de la paille mouillée. On peut donc dire que chez les chevaux les rhumatismes ne sont pas un héritage des parents et le résultat d'un sang vicié.

C'est presque toujours dans l'imperfection et mauvaise conformation des articulations que se trouvent les défauts héréditaires, ou pour mieux dire, par cette imperfection et vicieuse conformation que se produisent ces mêmes défauts.

Il est beaucoup d'exemples de poulains tout à fait exempts, en naissant et dans le jeune âge, des tares et défauts de leurs parents, mais qui, arrivés à l'époque où l'on a exigé d'eux un travail quelconque, ont vu apparaître toutes ces imperfections de famille.

Je pourrais faire mention ici d'un grand nombre de chevaux affligés de tares et maladies héréditaires ; mais, comme par ces citations je nuirais aux intérêts des propriétaires de ces animaux, et verrais actuellement s'élever contre moi une foule d'ennemis que je ne désire nullement et veux éviter, je m'abstiendrai donc d'appuyer mon opinion par des exemples, et je dirai seulement :

« LES TARES ET DÉFAUTS HÉRÉDITAIRES DOIVENT ÊTRE CONSIDÉRÉS ET REPOUSSÉS COMME DU POISON. »

Sachez-le bien, éleveurs qui me lisez ; pénétrez-vous de ce principe. Les tares, les vices de constitution dont les chevaux sont entachés, loin de s'éteindre, de disparaître dans les premiers produits, s'étendent, au contraire, à travers une longue suite de générations, et quoique quelquefois ils puissent ne pas se montrer pendant une génération ou deux, ils reparaissent avec plus de force au moment où on s'y attend le moins.

Les principales maladies ou tares jugées héréditaires, sont : la cécité par suite de fluxion périodique, le cornage, la pousse, les éparvins, les courbes, et le manque d'aplomb dans les membres antérieurs, ce qu'on appelle brassicourt (les genoux en avant et les jambes arquées).

Comme la cécité peut provenir d'un accident, il faut, avant tout, en rechercher la cause : car il serait absurde de rejeter un étalon ou une poulinière aveugles, s'ils ne l'étaient qu'accidentellement et non par suite de fluxion périodique.

Quelques chevaux sont, plus que d'autres, sujets à l'inflammation, et par conséquent, à des maladies causées par cette disposition et l'âcreté du sang. A l'égard de ces chevaux, on doit agir avec les plus grandes précautions.

L'œil saillant, dans un cheval, est une qualité appréciée à sa juste valeur ; mais il résulte souvent de cette beauté des inconvénients et une disposition plus grande à la fluxion périodique, en raison du plus grand excitement auquel l'œil se trouve exposé. On a remarqué, d'ailleurs, que les chevaux dont l'œil est grand, bien ouvert, gros et saillant, étaient d'un tempérament nerveux, irritable, et qu'il y en avait davantage de fluxionnaires et, par suite, d'aveugles, que parmi les autres ; puis, l'œil saillant est plus exposé aux accidents par sa conformation.

S'il est positivement reconnu qu'un cheval est aveugle par suite d'un héritage de famille, il faut le repousser impitoyablement de la reproduction, qu'il soit mâle ou femelle, n'importe ; s'il n'est que fluxionnaire, repoussez-le de même ; car la science du vétérinaire viendra échouer contre le mal, et vous aurez dépensé beaucoup de temps et d'argent en pure perte.

J'ai fait observer plus haut que les tares, défauts et maladies héréditaires peuvent être reconnus à une conformation particulière de certaines parties du cheval, et qu'ils provenaient de cette même conformation qui rendait telle ou telle partie susceptible de telle ou telle maladie.

Il est assez en usage, parmi les personnes qui discutent sur les défauts, les qualités et le mérite d'un cheval, de dire de tels ou tels défauts qu'ils viennent du sang. Tout bien considéré, et scientifiquement parlant, je ne crois pas que les tares que je viens d'énumérer proviennent d'un sang vicié ou corrompu, toutefois l'exception de la cécité, mais seulement dans quelques cas : cependant on peut admettre cette manière de s'exprimer au figuré, et dans le but de connaître si la famille de laquelle descend le cheval dont il est question, était sujette à de pareilles infirmités.

Dans tous les animaux, les individus d'une constitution faible sont plus exposés aux maladies, et spécialement à celles qui ont un caractère inflammatoire.

Le cornage est , je crois , une maladie héréditaire. Un grand nombre de faits nous en fournissent la preuve ; mais cette transmission n'est pas absolue et invariable comme pour la cécité. Il faut mettre le plus grand soin à rechercher les causes du mal ; car il peut provenir des suites de maladies de poitrine aussi bien que de l'hérédité, et, dans ce cas, il pourrait être guéri ou ne se transmettrait pas. Les causes ordinaires du cornage héréditaire sont : l'épaississement de la membrane qui tapisse la trachée artère, le canal respiratoire, quelquefois l'ossification des anneaux cartilagineux de l'œsophage, et par accident ou blessure dans la membrane qui réunit les anneaux.

S'il n'y a pas de cause première, mais seulement l'effet de quelque préalable indisposition causée par des arrêts de transpiration, refroidissement, etc., soit qu'on appelle *influenza, distemper, corriza, angine* ou *gourmes*, la maladie se trouve accompagnée d'une violente inflammation, qui laisse entendre sa plainte comme un *memento* perpétuel. Un excessif engorgement des glandes, qui viennent peser sur la trachée artère, produit quelquefois le *cornage*. Mais plusieurs exemples nous prouveront que, dans ces différents cas, le mal n'est que temporaire ; et, dans ce dernier cas, les glandes se trouvent réduites à leur volume ordinaire, et remises à leur état normal ; la cause étant détruite, avec elle disparaîtra le sifflement qui dénote le *cornage*.

Plusieurs personnes nient la transmission du *cornage* par hérédité. Elles prétendent que puisque cette maladie est l'effet d'une inflammation, et que l'inflammation est produite par le froid, l'humidité. etc., etc., ce sont ces causes seulement qui en rendent l'animal victime, en le faisant accuser d'être *cornard*.

Quoi qu'on en puisse dire, il n'en est pas moins vrai que cette maladie, tare ou défaut, a pour cause un vice de conformation particulière à certaines parties qui en sont le siége, vice transmis par le père ou la mère de l'individu qui en est entaché, ou par ses ancêtres.

Il est reconnu que plusieurs maladies du gosier, dans l'espèce humaine, sont héréditaires et se transmettent aux descendants des familles qui en sont entachées : telles sont l'*esquinancie*, le *croup*, les affections du *larynx*, l'engorgement des *glandes*. Comment supposer que les mêmes causes qui agissent sur l'homme ne peuvent produire les mêmes résultats sur le cheval?

Les très-gros chevaux sont très-sujets au *cornage*; cependant je n'ai jamais entendu assigner une cause raisonnable à cette disposition. Ne serait-on pas fondé à penser que les animaux d'une taille et d'une force hors de proportion avec celles des autres individus de leur espèce, peuvent être de même disproportionnés dans quelques-unes des parties de leur corps? Les très-gros chevaux sont probablement pourvus de poumons amples et volumineux, dont le volume est peut-être trop considérable eu égard au calibre de la trachée artère. De là, une grande difficulté d'expiration et d'aspiration et ce bruit qui est l'indice du *cornage*.

Du reste, on peut remarquer que ce vice, qui est devenu assez commun en ce moment, n'est apparent et reconnu qu'alors qu'on exige du cheval un travail actif, des allures vives et précipitées, ce qui prouve qu'il n'existe que par suite du peu de rapport qui existe entre la capacité des poumons, la cavité de la poitrine et les orifices destinés à donner passage à l'air attiré et rechassé.

Nous avons un grand nombre d'exemples de jeunes chevaux appartenant à des familles chez lesquelles le *cornage* est héréditaire, qui n'ont donné la preuve de leur état maladif qu'à la suite d'un travail laborieux, dans les exercices de l'entraînement.

En résumé, je regarde le *cornage* comme étant très-positivement héréditaire, et je conseille aux éleveurs de repousser impitoyablement de la reproduction les étalons et les juments qui sont entachés de ce vice, lorsqu'il n'est pas suffisamment constaté que la difficulté qu'éprouve momentanément l'animal pour aspirer ne provient pas des suites de maladies des voies aériennes de la poitrine, etc.; car, dans ce cas, le temps, ou quelquefois un traitement approprié fait disparaître le mal avec sa cause.

Les *éparvins* et les *courbes* (1) peuvent être regardés comme des

---

(1) Comme je ne veux pas faire ici de la médecine vétérinaire, et garantir le

tares héréditaires ; car il n'y a aucun doute sur leur transmission à leurs descendants par les animaux qui en sont entachés. Ces vices de conformation ont leur principe dans certaines formes particulières des jarrets du cheval.

Dans l'homme, nous trouvons chez les enfants des traits caractéristiques qui appartiennent incontestablement et invariablement à telle ou telle famille, comme aussi dans le sang, des propriétés qui influent sur les tempéraments et les classent.

Ainsi donc, sans vouloir citer un grand nombre d'exemples, à l'appui de cette opinion, nous dirons seulement qu'on retrouve chez l'enfant, la main large et forte ou la main étroite et petite, les doigts courts ou effilés de son père ou de sa mère, ou même de ses grand-pères et grand'mères ; le nez aquilin ou retroussé de l'un, le front large ou étroit de l'autre, etc., etc. De même, le cheval dont le jarret est d'une conformation tendant à produire l'*éparvin*, aura hérité cette disposition de ses ascendants ; peut-être dira-t-on que l'*éparvin* est très-commun dans les chevaux assujettis à un travail pénible, quel qu'il soit ; mais qu'est-ce que cela prouve ? C'est qu'il y avait chez eux faiblesse de jarret et prédisposition au mal.

J'ai fait à ce sujet de nombreuses expériences et des observations suivies, et je me suis assuré que, si on pouvait citer bon nombre de chevaux affectés d'*éparvins*, par suite de causes répétées et laborieuses ou de chasses longues, brillantes et pénibles, il y avait aussi de nombreux exemples de très-jeunes poulains affligés de ce mal bien avant qu'ils eussent fait le moindre travail.

Qu'en conclure ? sinon que l'*éparvin* provient d'une conformation particulière de l'articulation du jarret, transmise par un individu

---

moins du monde l'efficacité des remèdes employés en Angleterre contre les *éparvins*, les *courbes* et toutes les tumeurs qui tendent à devenir *osseuses*, je crois devoir passer très-légèrement sur cette partie de l'ouvrage, me contentant d'indiquer d'une manière générale les causes du mal et ses moyens curatifs.

Du reste, l'auteur anglais s'est beaucoup plus étendu sur les premières que sur les seconds, auxquels il ne paraît pas avoir grande confiance, et son refrain perpétuel est celui-ci : N'employez jamais d'étalon ayant des *éparvins*, des *courbes*, des *formes*, etc., etc.

qui avait les jarrets conformés de même. Evitez donc de vous servir d'étalons dont les jarrets sont mal conformés ou affectés de tumeurs osseuses.

Quand l'*éparvin* est le résultat d'un travail pénible, de quelque nature qu'il soit, on peut expliquer ainsi sa formation, qui commence par une inflammation des muscles du jarret et du périoste ou pellicule qui recouvre les os. Cette délicate membrane s'épaissit et les petits vaisseaux s'engorgent ; le sang n'y circule qu'avec peine, et bientôt, si l'on n'y porte remède, l'obstruction est complète et l'ossification de cette partie ne tarde pas à exister.

Quand le mal est arrivé à ce degré, chaque fois que le membre attaqué est en action, le cheval souffre et la boiterie s'ensuit fort souvent ; mais alors, il est assez commun que par l'effet du mouvement, le relâchement des vaisseaux permette un accroissement de circulation au sang et aux fluides des articulations, et le cheval marche plus librement. Il a besoin d'être échauffé, dit-on ; il ne boite qu'en sortant de l'écurie ; mais une fois en train, il n'y paraît plus ; il a seulement les jambes raides, c'est l'effet de la fatigue, et autres choses semblables, imaginées pour donner le change aux acheteurs ou aux éleveurs.

Les *courbes* ressemblent tellement aux *éparvins* qu'il y a peu de choses à en dire, sinon que la même raison qui fait rejeter les uns doit faire rejeter les autres. Cependant les *courbes* sont moins difficiles à prévenir et à guérir que les *éparvins* lorsqu'on s'y prend de bonne heure et dès le moment où l'on s'aperçoit de leur existence. Le meilleur remède contre cette infirmité c'est une lotion propre à ramener la circulation et la vie dans la partie attaquée.

Il est une chose assez remarquable, c'est que les chevaux dont les jarrets sont affectés de *courbes* ont généralement les mouvements des jambes postérieures très-bons, et que la conformation particulière qui doit tendre à produire les courbes, est telle qu'elle peut servir en même temps à indiquer si les quartiers postérieurs du cheval sont bien placés.

Les chevaux qui ont le pâturon de derrière court, et qui sont ce qu'on appelle *redressés*, sont ordinairement sujets aux *éparvins* et ceux qui les ont longs, bas et très-flexibles, sont sujets aux *courbes*.

Il paraîtra peut-être extraordinaire que je place au nombre des tares héréditaires les jambes arquées, les genoux en avant, défaut si commun parmi nos chevaux de sang et désigné sous le nom de *brassicourt*, d'autant plus qu'il n'est pas le moins du monde prouvé que cette imperfection, fort désagréable à l'œil, puisqu'elle fausse les aplombs et, par conséquent, toute l'harmonie du cheval, nuise à sa vitesse et à sa vigueur, dans les courses, dans les chasses et dans les travaux les plus pénibles. On pourrait croire, au contraire, que ce défaut serait l'indice de ces qualités, puisqu'il est rare de ne pas le rencontrer dans nos chevaux les plus célèbres et dans leurs ancêtres, ce qui, du reste, est la preuve de la transmission.

Je n'en conclurai pas qu'il faille rechercher les individus de cette conformation pour en tirer race, mais je dirai que, pour les courses principalement, elle ne doit pas être une raison d'exclusion.

Le sang de *Blacklock* est égal, sinon supérieur à plusieurs autres, et la race qui en descend est presque toujours invariablement défectueuse sous le rapport des aplombs des membres antérieurs. On peut dire la même chose de *Partisan* et de ses descendants. Cependant, telle est la supériorité de plusieurs d'entre eux, que l'éleveur pour les courses, le plus éclairé, le plus distingué, les préférera toujours à des poulains non éprouvés, appartenant à une autre famille, bien qu'ils soient complétement exempts du défaut dont il est question, s'il s'agit de courses, bien entendu, et toutes choses égales d'ailleurs (1).

Sans me lancer dans des raisonnements plus étendus et dans des dissertations qui pourraient être fatigantes pour le lecteur, je terminerai cette question du manque d'aplombs en disant que si un cheval a acquis de la célébrité par des courses nombreuses et brillantes, que son origine soit belle, et ses ancêtres renommés par

---

(1) L'auteur anglais, supposant des objections, s'attache à les combattre et se livre, avec ses antagonistes imaginaires, à une discussion qui n'est que la répétition de ce qu'il vient de dire et le développement de ses idées souvent abstraites et hypothétiques.

leurs *performances*, on peut l'admettre comme étalon, quand bien même les membres antérieurs seraient hors de la ligne des aplombs voulus; mais qu'il serait plus sage de donner la préférence à celui qui, aussi bien né et aussi célèbre, serait exempt du même défaut.

Après avoir traité les principaux défauts ou tares considérés comme étant héréditaires, il ne me reste plus qu'à faire observer qu'il en est qui sont plus graves, plus importants, et qui doivent être plus soigneusement évités que d'autres; mais je puis assurer qu'il n'y en a pas un seul qui mérite d'être plus repoussé que les *éparvins*.

La cécité provenant de fluxion périodique demande la plus scrupuleuse attention.

On peut en dire autant du CORNAGE.

Et enfin, pour conclure, les jambes antérieures arquées, avec les genoux en avant, bien que provenant d'hérédité, ne feront pas condamner un étalon, s'il possède d'ailleurs des qualités suffisantes pour contrebalancer ce défaut.

Sandy, étalon Percheron, vendu par M. Rivière à M. Eugène Daru.

DE

# LA COULEUR DE LA ROBE.

—

Les différentes couleurs et nuances qu'on distingue dans la robe des chevaux ne sont pas le résultat du hasard, tant s'en faut ; elles ont une cause, mais cette cause, quelle est-elle ? Comment nous rendre compte de certaines influences mystérieuses, inexplicables ? N'est-ce pas le cas de dire : c'est le secret de la nature ! Sans vouloir me jeter dans des hypothèses, dans des conjectures plus ou moins probables, j'essaierai d'arriver à quelque chose de satisfaisant sur cet intéressant sujet.

On peut généralement supposer que le poulain ressemblera à son père ou à sa mère, ou bien qu'il rappellera quelques-uns de ses ancêtres. Néanmoins cette règle souffre des exceptions, et certaines d'entre elles sont de nature à embarrasser l'observateur.

Si on ouvre le *Stud-Book*, on y trouve un assez grand nombre de juments qui, saillies par des étalons de même robe qu'elles, n'en ont pas moins produit des poulains de robe, non-seulement tout à fait différente de la leur, mais aussi de celle d'une longue suite d'ancêtres.

Par exemple, dans le quatrième volume du *Stud-Book*, cherchez la jument *Catty-Sark*, et suivez sa généalogie, vous y verrez qu'elle est née de parents qui tous étaient bais, bais bruns et alezans, et pas un gris. Eh bien ! cette jument, qui, saillie en 1825 par *Visconti*, étalon gris, produisit en 1826 un poulain gris, eut dans les années suivantes un poulain gris, par *Champignon*, étalon bai, qui, comme elle, n'a dans sa famille aucun individu de robe grise.

Les caprices du hasard sont plus faciles à raconter qu'à expliquer. Dans le fait qui précède, je comprendrais que le poulain de *Catty-Sark* fût venu gris, s'il y avait eu la moindre trace de gris dans l'une des deux branches paternelle ou maternelle, comme, par exemple, cela se trouve dans la famille de *Desdemona*, qui a produit en 1830 un poulain gris, par *Château-Margaux*, étalon bai, qui n'avait aucun individu gris dans sa généalogie, tandis que l'on trouve dans celle de *Desdemona*, sa grand', grand', grand'mère (sa trisaïeule), qui était grise ; mais quand en remontant aussi loin que possible on ne trouve pas un gris, comment se fait-il qu'il en arrive un tout à coup, sans raison comme sans cause explicable ?

Je citerai, à cette occasion, un fait qui m'a été raconté par des personnes dignes de foi, et qui me paraît de nature à diriger nos idées et à jeter quelque jour sur la question de la différence des robes et sur leurs causes.

Il y a quelques années, un gentleman acheta à un très-haut prix, et avec de grandes difficultés, une jument arabe d'une noble famille. On sait que les Arabes, très-jaloux de leur meilleur sang, ne se défont qu'avec peine des poulinières. Une fois le marché conclu, le gentleman fut informé que, bien que la jument qu'il venait d'acheter eût été saillie fort souvent, elle n'avait jamais produit, et que c'était pour cela que l'Arabe s'était décidé à s'en défaire. Questionné à ce sujet, il conseilla à l'Anglais de donner sa jument à un *quagga*, espèce d'âne, rayé comme le zèbre, qu'on a soumis à la domesticité depuis peu d'années seulement, étant convaincu qu'après avoir fait un mulet, elle produirait ensuite des poulains plus sûrement.

Le gentleman suivit le conseil de l'Arabe, et sa jument lui donna un mulet ; il en fut ravi, dans l'espérance d'obtenir bientôt un produit précieux, provenant d'un étalon célèbre, de robe noire, par lequel il la fit saillir. Quelle ne fut pas sa surprise et son désappointement à la vue, non pas d'un *quagga* parfait, mais d'un poulain rayé, participant, pour les caractères principaux, beaucoup plus du *quagga* que du cheval. Une seconde saillie du même cheval eut un résultat semblable, quoique moins complet. Les raies du poulain étaient moins visibles, et sa conformation le rapprochait plus de celle du cheval.

Cette même jument fit encore plusieurs poulains, qui conservaient des traces du premier accouplement avec le *quagga* (1).

Que conclure de ces faits bizarres? sinon que le plus sage est de laisser agir la nature, et de prendre son parti sur ses anomalies, qui deviendront d'autant plus rares qu'on aura le soin, si on veut obtenir des chevaux bais, de choisir des étalons et des juments de cette robe. On suivra la même règle pour toutes les autres robes, en s'assurant en même temps si ces robes sont depuis longtemps la couleur de la famille.

Pour plus grande précaution, l'éleveur pourra encore s'assurer si la jument qu'il veut accoupler à un étalon bai ou alezan, n'a pas produit dernièrement avec un étalon gris ou noir, afin d'éviter les inconvénients que je viens de citer.

On me demandera peut-être quelle est mon opinion sur l'influence des robes, sur les qualités des chevaux. Je ne crois pas que cela mérite la moindre discussion ; mais il y a une considération qui doit être d'un grand poids dans le choix de la robe : c'est celle du goût des consommateurs. Chacun sait que les étrangers qui viennent faire de nombreuses acquisitions en Angleterre, ne sont pas du tout amateurs de chevaux gris et alezans, lorsque surtout ils ont beaucoup de blanc. Comme nos exportations en chevaux sont devenues très-considérables, il faut s'attacher à faire ce que désirent les marchands et les envoyés des gouvernements du continent, et pour cela, employer tous les moyens que peuvent donner la théorie et la pratique, pour éviter de produire des chevaux à robe repoussée du marché européen, puisque c'est un débouché certain et avantageux.

---

(1) Nous avons cité ce fait et plusieurs autres de cette nature dans le *Journal des Haras*, tome X, 1re série, page 212, sous ce titre : *Influence de la fécondation sur l'organisme de la mère, et durée de cette influence;* celui relatif à une truie couverte par un sanglier, qui continua à produire pendant plusieurs portées suivantes des cochons plus ou moins marqués de noir, bien qu'elle eût été couverte par un verrat ordinaire. Ce fait est aussi remarquable que celui de la jument et du *quagga.*

# DES ÉTALONS.

—

Les personnes qui veulent entretenir des étalons de *pur sang* doivent faire établir des *boxs* spacieuses et isolées, accompagnées d'une cour dans laquelle chaque étalon peut entrer et sortir comme bon lui semble, et quand il lui plaît. Une prairie d'un acre environ est nécessaire à leur santé. La plupart de nos meilleurs étalons ne prennent pas assez d'exercice (1).

Il faut tenir les étalons à un régime rafraîchissant, et leur donner la même nourriture qu'aux juments ; souvent du son mouillé avec de l'eau chaude, et, dans l'hiver, des carottes alternativement avec de la luzerne, du trèfle et du foin coupé, au fur et à mesure des besoins (2) ; à toutes les époques de l'année, il faut leur donner de l'avoine, mais modérément ; l'hiver, le foin ; l'été, les fourrages verts, qu'il est bon de mélanger avec la nourriture sèche, ce qui est préférable à une distribution alternative de vert et de sec ; car on a remarqué que ce mode d'alimentation causait des coliques.

---

(1) En France, la plupart de nos étalons de *pur sang* ne sont pas traités autrement que les chevaux de service. A peine s'ils ont des *boxs*, et rarement on les y laisse en liberté. Pour eux le pansage est aussi régulier et aussi minutieux que pour les autres chevaux, et on les monte pour les promener ; toutes choses inusitées en Angleterre.

(2) Les foins, en Angleterre, forment des meules d'un volume très-considérable, dans lesquelles il se conserve d'une manière étonnante. On se sert, pour le couper, de longs couteaux dentés comme une faucille ; il n'est pas rare, au bout de plusieurs années, de le trouver aussi sain, aussi vert et aussi odorant que l'année de sa récolte.

Il est bon d'enfermer les étalons dans leurs *boxs* pendant la nuit, les temps d'orages, les grandes pluies, neiges ou gelées ; on doit les laisser libres en tout autre temps.

Il est fort inutile de les étriller : le pansage à la main n'est d'aucune utilité pour l'étalon et ne sert qu'à flatter l'œil. Les pieds demandent un soin tout particulier ; on doit les graisser ou les goudronner deux fois par semaine, afin de prévenir les gerçures ou cassures de la corne, et de maintenir le sabot en bon état.

Si l'on veut conserver les étalons en bonne santé et condition, il ne faut leur donner ni médecine, ni nourriture stimulante ou trop tonique (1).

---

(1) Cette manière de traiter les étalons diffère un peu de celle adoptée en France, où, quelque temps avant la saison de la saillie, on est dans l'usage d'augmenter la ration d'avoine et d'y joindre souvent des substances plus échauffantes encore : ce régime est suivi pendant le temps de la monte, et même un mois au delà. Nous laisserons ces deux systèmes en présence, et nous dirons qu'il convient de traiter chaque cheval selon son tempérament, et que sa condition hygiénique doit seule réclamer l'emploi des aliments stimulants ou rafraîchissants. L'application de tout système absolu nous semble une erreur grave.

# DES JUMENTS.

—

Les juments qui ne sont pas pleines peuvent être laissées seules dans les prairies pendant le jour ; mais la nuit, elles devront être renfermées ; à défaut d'écuries, il faut qu'elles puissent se réfugier dans des cours pourvues d'abris que l'on aura soin de garnir de paille, afin qu'elles y trouvent un abri contre le mauvais temps et les ardeurs du soleil.

Il est, selon moi, plus avantageux de renfermer pendant la nuit les juments suivies de leurs poulains que de les laisser dehors, même en leur donnant les moyens de se mettre à couvert à leur volonté. On se trouvera toujours mieux d'en faire autant pour les juments restées stériles une année.

Quel que soit le mode adopté, il faut de grands hangars pour les juments, surtout lorsqu'elles mettent bas ; ce n'est pas trop d'un espace de 25 à 30 pieds de long sur 20 de large ; il ne devra point être pavé : ce serait beaucoup trop dur, et il risquerait de ne jamais être assez bien couvert par la litière, pour que les juments en se débattant ne soient point exposées à se blesser.

On formera, dans le sol des hangars destinés aux juments, une aire bien battue et bien unie, lorsqu'on préparera ces hangars pour les juments qui doivent faire leurs poulains. Un mélange de cendres et d'argile bien corroyé est ce qu'il y a de mieux ; il faut avoir soin de la couvrir abondamment d'une litière courte et sèche, en évitant avec soin la paille fraîche que les juments mangent avec avidité, et qui, au moment de la mise bas, pourrait occasionner des accidents ;

6

en outre, la paille longue ne serait pas un lit assez également doux pour le poulain qui va naître.

La personne chargée de la surveillance des poulinières doit coucher près d'elles et à portée de les voir à tout instant, pour leur donner les soins nécessaires ; elle devra, aux approches et lors de la mise bas, les visiter toutes les deux ou trois heures, surtout pendant la nuit.

Les juments prêtes à faire leur poulain ont besoin de beaucoup de repos et de tranquillité ; elles doivent être promenées, mais sans fatigue. On doit éviter avec soin de les exciter ou de les effrayer. La quantité et la qualité de la nourriture donnée à la jument, au moment du part, doivent être l'objet d'une attention soutenue : elle devra toujours avoir de l'eau près d'elle pour qu'elle puisse boire à volonté, car il est très-nuisible de ne lui donner à boire qu'une ou deux fois par jour : si, par suite de privation ou par disposition naturelle, la soif se trouve excitée dans la jument, elle boit avec avidité, et il peut en résulter des accidents graves. J'ai été témoin d'un fait provenant de l'oubli des précautions que je recommande.

Une jument était gardée dans un hangar ; on ne laissait point d'eau auprès d'elle, mais on la menait boire à un étang, une seule fois par jour ; le soir qui précéda la mise bas, elle but avec excès. Au moment du part elle avait les viscères distendus et remplis d'eau ; les efforts qu'elle fit occasionnèrent une rupture intérieure à la suite de laquelle la pauvre bête mourut en moins d'une heure, toutefois après avoir mis bas.

Le son mélangé avec des carottes et des navets de Suède, et une certaine quantité d'avoine, le tout en quantité modérée, compose une nourriture qui influe favorablement sur l'état sanitaire des pouli- nières, dans la dernière période de la gestation, et les dispose à une heureuse délivrance.

S'il arrivait qu'en dépit de la plus grande surveillance et des soins les plus soutenus, ou par suite de quelque négligence, la poulinière vînt à mourir après le part, ou qu'elle n'eût pas assez de lait, il faudrait aviser aux moyens de nourrir son poulain, soit en lui donnant une autre mère, dont le poulain serait mort ou d'une valeur moindre que celle de l'orphelin, soit en le nourrissant au lait de vache.

Dans la dernière hypothèse, pour apprendre au poulain à teter, on devra lui mettre le doigt dans la bouche, il le tettera ; ensuite on trempera ce doigt dans du lait, et, le replaçant dans la bouche du jeune animal, il le sucera de nouveau, et s'accoutumera par degrés à teter comme s'il avait le mamelon de sa mère.

Le lait de jument contenant plus de parties sucrées que le lait de vache, on pourrait ajouter un peu de sucre ou de thériaque à celui destiné à remplacer la nourriture naturelle du poulain.

Lorsqu'on nourrit ainsi les poulains au biberon, il est bon de les accoutumer le plus tôt possible à manger de l'avoine concassée, du gruau de graine de lin ; cette pratique est également très-bonne quand les poulains tettent leur mère : on peut même, lorsqu'ils deviennent un peu forts, remplacer soit le lait de la mère, soit le lait de vache, par cette nourriture.

La température de l'air décide de la sortie de la jument et de son poulain. S'ils se portent bien l'une et l'autre, et que le temps soit doux et beau, on peut les laisser dehors pendant une heure, le jour qui suivra celui de la naissance du poulain ; mais il faut bien se persuader que le vent froid ou humide leur est extrêmement nuisible à tous deux.

La saison et l'époque du part décident du genre de nourriture à donner au poulain et à la mère. Si les juments mettent bas de bonne heure, lorsqu'il n'y a point encore de fourrages verts, il faut y suppléer par des moyens artificiels et employer les fourrages secs, les grains, les légumes, etc.

Si l'on veut faire porter la jument pendant qu'elle allaite son poulain, il faut de toute nécessité la nourrir plus abondamment en toute chose, surtout en avoine. On lui donnera en outre des *mâches*, des carottes, navets de Suède, etc., en attendant l'herbe nouvelle qui, toutefois, doit être abondante et d'une bonne nature pour suppléer complétement à toute nourriture artificielle.

Les vieilles juments qui ont perdu une partie de leurs dents doivent être traitées d'une manière différente. Il faut leur donner des carottes, du son délayé dans de l'eau bouillante, du gruau de graine de lin, jusqu'au moment où elles peuvent avoir de l'herbe fraiche, car le foin qu'elles pourraient mâcher ne leur suffirait pas ; il sera bon aussi de faire concasser leur avoine.

Je dirai, en passant, que je suis grand partisan de ce système pour tous les chevaux, excepté ceux en entraînement. J'avouerai que, pour ceux-là même, je ne pourrais avancer de bien bonnes raisons contre ce mode préparatoire, qui permet en même temps une assez grande économie et un emploi plus complet du principe alimentaire, en utilisant au profit des animaux jeunes et vieux la totalité de l'avoine consommée (1).

---

(1) Nous avons signalé bien souvent, dans le *Journal des Haras*, les avantages à obtenir dans l'emploi de l'avoine concassée ; nous croyons utile de donner, à l'appui de notre opinion, un article publié dans le journal hippique allemand DER MARSTALL, sur la nourriture des chevaux à l'avoine. L'auteur de cet article, tout en préconisant les bons résultats de l'avoine concassée, fait ressortir en même temps les inconvénients de l'emploi de l'avoine donnée en grains, c'est-à-dire à l'état naturel.

### DE LA NOURRITURE DES CHEVAUX A L'AVOINE.

### (Le *Marstall*, pag. 147.)

Toutes les personnes qui possèdent ou qui soignent des chevaux ont pu remarquer qu'ils ne digèrent qu'une partie de l'avoine qu'on leur donne à manger, et qu'ils rendent toujours un assez grand nombre de grains qui n'ont pas subi la moindre altération. Il en est de même de l'orge et du froment. Beaucoup de ces grains résistent aux organes de la digestion, et par conséquent ne servent en rien à la nourriture des animaux. Plusieurs propriétaires de chevaux ont cherché à parer à cet inconvénient en faisant mouiller l'avoine d'eau tiède qui devait l'amollir et faire crever son enveloppe ; mais ce moyen n'est guère compatible avec la propreté nécessaire, surtout dans les haras et les casernes de cavalerie.

La cause de ce mal n'est pas dans la faiblesse des organes de la digestion, mais bien dans une mastication trop rapide et imparfaite. Quelque fort que soit l'estomac du cheval, il ne saurait digérer les grains qui lui parviennent sans avoir été broyés par les dents. L'auteur de cet article a fait, avec feu M. Haremann, directeur de l'école vétérinaire à Hanovre, des expériences qui lui ont prouvé que sur une ration de sept à huit livres d'avoine, cent à deux cents grains se trouvaient dans le fumier sans avoir été entamés par le travail de la digestion. Il faut ajouter

Quelques personnes prétendent qu'il est bon de ne pas écraser l'avoine destinée aux poulains, pendant qu'ils font leurs dents ; elles peuvent appuyer cette opinion sur de bonnes raisons, mais je n'en suis pas moins convaincu que trois boisseaux d'avoine broyée font au moins autant de profit que quatre qui ne le sont pas. On

---

que les chevaux sur lesquels on faisait ces expériences furent privés de paille hachée, et que d'autres chevaux auxquels on donnait de la paille hachée rendaient un moindre nombre de grains entiers, ce qui s'explique parce qu'ils étaient obligés de mâcher plus longtemps leur nourriture. Il faudrait compléter ces expériences en comptant les grains d'une ration quotidienne de sept à huit livres d'avoine, pour bien établir le rapport qui existe entre la quantité de la nourriture donnée et la nourriture perdue. Ce qu'il y a de certain, c'est que la perte est assez considérable pour déterminer les directeurs de grands établissements, tels que haras, casernes de cavalerie, etc., à chercher les moyens de l'éviter.

Les moyens proposés jusqu'à présent sont : 1º de mouiller l'avoine avant de la donner aux chevaux. Cette opération sera peu utile tant qu'on ne la poussera pas jusqu'à faire du *malt* de l'avoine à laquelle on l'applique. Les chevaux mangent avidement le *malt* d'avoine, dont ils s'assimilent toute la partie nutritive. Mais cette nourriture donne à beaucoup de chevaux une diarrhée qui les affaiblit, et de plus, elle n'est guère compatible avec la propreté que nos habitudes ou nos préjugés exigent dans les mangeoires des chevaux.

2º D'égruger l'avoine ; mais si on l'égruge grossièrement, l'opération sera presque inutile et n'empêchera pas la perte de beaucoup de fragments de grains qui passeront sans avoir été digérés ; si, au contraire, on l'égruge finement, il en résultera une certaine quantité de farine, et on sera obligé de mouiller l'avoine égrugée pour empêcher les chevaux de l'éparpiller par leur souffle. On a plusieurs fois essayé de cette méthode, mais on ne l'a jamais trouvée bonne.

3º D'écraser l'avoine. C'est cette opération dont je recommande l'examen. Elle fut inventée par le général anglais de cavalerie Pembrocke, qui, en 1798, la fit adopter dans les écuries de son régiment. L'auteur de cet article proposa de suivre cet exemple dans les haras de Hanovre, et sa demande fut favorablement accueillie par le directeur de l'administration des haras. Cependant des objections survenues firent décider l'ajournement de la mesure jusqu'à ce qu'on eût recueilli de plus amples informations en Angleterre. J'ignore si jamais on est allé aux renseignements, mais je crois que ce sujet est digne d'être rappelé à l'attention des administrations de haras, etc., et c'est pourquoi je me suis décidé à écrire cet article.

Lunebourg.                                                    PETERSEN.

6.

peut s'assurer de la vérité de cette assertion en visitant le fumier sortant des écuries, et en voyant avec quel empressement les volailles viennent y chercher les nombreux grains d'avoine qui s'y trouvent ; soit que les chevaux les aient fait tomber en mangeant, soit que les ayant avalés sans les mâcher, ils n'aient pu les digérer.

Les juments maigres demandent de l'avoine pendant tout l'été, quelles que soient la quantité et la qualité de l'herbe. La luzerne vaut encore mieux pour donner du lait et faire prospérer les poulains. On peut au besoin remplacer la luzerne par des vesces, bien que ces plantes lui soient inférieures.

Lorsqu'on nourrit les poulains à l'avoine, il faut beaucoup les caresser, jouer avec eux, afin de les rendre doux ; on devra les toucher partout, leur tâter les jambes, leur lever les pieds, leur frapper les sabots et même les leur rogner avec un instrument tranchant : de cette manière, ils s'habitueront facilement et sans y penser à tout ce qu'on exigera d'eux plus tard et plus sérieusement.

Lorsque les poulains sont assez grands pour manger, il faut placer une barre en travers de la porte de leur écurie, afin de leur permettre de sortir sans leur mère, autrement cette dernière mangerait toute l'avoine destinée au jeune animal ; mais jusqu'au moment où il peut commencer à manger du grain, il doit lui être permis en tout temps de courir avec sa mère.

Il sera bon de s'assurer de l'état de l'estomac et des intestins des poulains ; car il arrive fréquemment que, dès leur naissance, les viscères de ces jeunes animaux se trouvent obstrués et ne font pas complétement leurs fonctions ; il faut alors les purger, ce que l'on fait en leur faisant prendre une once ou une once et demie de sel d'Epsom dissous dans l'eau de gruau ; on peut aussi administrer quelques lavements.

Les juments exigent les mêmes soins, et fort souvent le même traitement, quoique la constipation à laquelle elles sont sujettes soit un cas très-différent, puisque les jeunes poulains ont au contraire le dévoiement ; il n'en faudra pas moins les purger ; mais alors la quantité de sel d'Epsom sera plus considérable, en ayant toutefois égard à cette circonstance, que le poulain se ressent toujours des remèdes administrés à sa mère.

Lorsque les juments mangent de l'herbe nouvelle à jeun, elles sont aussi souvent très-relâchées ; dans ce cas il faut leur donner des féveroles en petite quantité ou un peu d'avoine écrasée. Les poulains se trouvant assez ordinairement éprouver les mêmes affections que la mère, beaucoup de personnes leur font boire de l'eau de gruau fait avec la plus belle farine de froment, dans laquelle on mélange 1 gros ou $^1/_2$ gros de craie, $^1/_2$ gros de gingembre et 10 à 15 grains d'opium. Je ne suis pas du tout partisan de ce genre de médication pour les poulains, et je crois devoir rappeler, dans le cas où l'on jugerait à propos de l'administrer à des juments, que tout ce qu'on fait prendre aux mères réagit fortement sur les poulains en allaitement. Il y a plus; si la mère a un rhume, le poulain sera enrhumé; il aura aussi la fièvre, si elle l'a. Les remèdes qu'on administrera agiront sur les deux de la même manière, mais à des degrés différents, en raison de leur différence de force et de constitution.

Tous les chevaux ont, dans une proportion plus ou moins forte, des vers qui, chez les poulains, peuvent occasionner des accidents très-graves ; leurs ravages sont fort rapides et peuvent détruire en peu de temps la meilleure constitution ; cet état réclame donc la plus active surveillance.

On s'aperçoit de la présence des vers dans le corps d'un poulain à l'apparition d'une poudre blanche à l'anus ou sur le crottin. L'animal est maigre, il a les yeux ternes et mornes, le ventre gros, la côte creuse, le poil piqué. Si le poulain est âgé de 2 mois lorsque ces symptômes se manifestent, il faut lui faire prendre un scrupule (3e partie d'une drachme) de calomel, deux ou trois jours de suite; après la dernière dose on lui donnera 1 gros ou $^1/_2$ gros d'aloès mélangé avec du gingembre et du savon de Castille ; on réduira le tout en forme de bols ou boulettes.

Lorsque les poulains ont pris médecine, il est bon de les garder à l'écurie, excepté le jour de l'aloès, car alors il faut les faire promener; en faisant sortir la mère, le poulain la suivra.

Pour faire prendre ces boulettes aux jeunes animaux, il faut par précaution leur mettre un collier, ensuite on fixe la boulette à l'extrémité d'un bâton que l'on porte assez avant dans le gosier. Je connais plusieurs personnes qui préfèrent les médicaments liquides, à cause de la facilité avec laquelle on peut les administrer aux poulains. Je ne trouve pas la raison bien bonne, surtout si le poulain est traité avec douceur et des habitudes de tranquillité. J'ai pour principe que c'est le genre de traitement employé à leur égard, dépourvu de douceur et de patience, qui rend les poulains rebelles ; et je n'ai jamais éprouvé la moindre difficulté à administrer ces bols aux chevaux qui étaient habitués à me voir, à m'entendre et à recevoir mes soins.

Les médicaments liquides ont l'inconvénient de causer des nausées fâcheuses et de n'arriver à l'estomac qu'avec l'accompagnement de salive sécrétée en assez grande quantité pour en affaiblir l'effet ; d'un autre côté, ils arrivent en masse, ce qui ne produit pas le même effet que la dissolution lente des bols qui s'unissent et se mélangent peu à peu avec les substances sur lesquelles ils doivent agir.

Je préfère donc les bols ou boulettes.

Pendant que le poulain subit ce petit traitement, il est bon de le tenir au dedans l'espace d'un jour après celui où on lui aura donné l'aloès. Alors, ainsi que je l'ai déjà dit, on le fera sortir à la suite de sa mère, et on le tiendra dehors en lui faisant prendre un peu d'exercice jusqu'au moment où la médecine opérera. L'objet principal de cette prescription est de constater la présence des vers, s'il en existe, ce qui aura lieu indubitablement.

# DES POULAINS.

Il est essentiel de préparer la jument et son poulain à une séparation devenue nécessaire, soit par l'état de gestation de la première, soit par l'âge du second. Cette préparation devra commencer quinze jours ou trois semaines avant le sevrage définitif. Pour cela, on privera la jument des herbes trop succulentes et en général de la nourriture propre à lui donner beaucoup de lait, de manière à arriver sans secousse à en diminuer la production. Si elle est dans des prairies couvertes d'un herbage gras et abondant, on pourra diminuer cette abondance en y faisant paître des moutons. On peut aussi enfermer pendant quelques jours la jument et le poulain, les séparer une grande partie de la journée et la nuit tout entière ; alors on augmentera, pour le poulain, la ration d'avoine, on lui fera boire de l'eau blanche ; ce qui l'accoutumera par degrés à un changement de régime et de nourriture.

Il est rare que les juments de pur sang aient beaucoup de lait ; mais on n'en doit pas moins prévoir et prévenir les accidents qui résulteraient d'une subite cessation d'allaitement. Il est, au reste, très-facile de se tromper sur la quantité présumée de lait que peut fournir une jument dont les mamelles ne promettraient pas beaucoup, et qui cependant peuvent en donner en abondance. Il faut donc, en pareille circonstance, se montrer très-prudent, et chercher par tous les moyens possibles à diminuer l'abondance du lait avant d'arriver à un sevrage définitif. L'un des meilleurs est la séparation progressive qui empêche le poulain de teter sa mère aussi souvent, et de provoquer ainsi l'action des glandes et des vaisseaux lactés.

Quand on en vient à la séparation absolue, il faut avoir bien soin de placer les poulains assez loin de leurs mères pour qu'ils ne s'entendent pas hennir et s'appeler réciproquement. On ne doit leur permettre de se voir qu'après une quinzaine de jours au moins.

Pendant ce temps, la jument sera mise à la nourriture sèche ; les premiers jours, on tirera son lait matin et soir, puis une seule fois par jour, et enfin plus du tout.

Il sera bon de frotter les mamelons avec de l'huile ou de la graisse d'oie mêlée avec de l'eau-de-vie, dans la proportion de 2 à 1. Car, malgré toutes les précautions, il arrive que le sang porté avec force dans les mamelles continue de donner un lait qui, ne trouvant plus d'écoulement, séjourne dans les vaisseaux, les engorge, et finit par causer dans ces parties et souvent dans toute l'économie animale de graves perturbations. La friction indiquée ci-dessus doit être faite avec beaucoup de soin et de ménagements, afin de ne pas irriter ces parties fort délicates, et d'arriver sans accident à faciliter le jeu des tissus et des fluides par la disparition du lait.

Il serait nécessaire aussi de saigner les juments au cou, et de répéter cette opération. Dans mon opinion, trois ou quatre petites saignées valent mieux qu'une forte.

La conduite à tenir avec les poulains pendant l'hiver suivant, et l'été qui lui succède, doit être l'objet d'attentions et de soins tout particuliers dans le détail desquels je vais entrer.

Pendant l'hiver, il est plus facile de garder quelques juments ensemble que dans l'été. Cependant, si elles sont vicieuses ou méchantes, et même lorsqu'elles ne le seraient pas, il vaut toujours mieux les séparer, car leur réunion entraîne trop souvent des accidents provenant de coups de pied ou de morsures.

Dans cette même saison, quelques juments exigent plus d'avoine que d'autres ; mais il faut éviter de les rendre trop grasses ou trop maigres. Le premier cas est un obstacle à la reproduction, le second est une cause de faiblesse dont les effets se font ressentir à la progéniture.

A la fin de la saison rigoureuse, on peut donner aux juments des carottes, des navets de Suède, et du foin matin et soir : l'avoine n'est pas absolument nécessaire à toutes les juments.

Je crois qu'il vaut mieux donner les carottes entières que coupées en petits morceaux ; car les animaux avalent souvent ces derniers sans les mâcher, et courent le risque de s'étrangler. On doit laver les légumes destinés aux chevaux, et avoir soin de les faire sécher avant de les leur donner.

Il est essentiel de prendre par écrit la date des jours où les juments ont été saillies, afin de calculer le moment où elles devront mettre bas. On sait que onze mois est le terme le plus généralement observé. Il y a cependant des juments qui devancent ce terme et d'autres qui le dépassent.

p
ai
i
b
a:
ce
r
gr
ic
so
a:
ir.
se
la
n
pl
cc
de

# D'UN STUD-BOOK PARTICULIER.

Il est très-important de tenir un registre exact des juments de pur sang qu'on possède, et de noter le moment où elles sont saillies, ainsi que le nom et l'origine de l'étalon qu'on leur donne.

L'époque de la mise bas doit être indiquée avec toutes les particularités importantes à observer ; la robe du poulain, les marques particulières, telles que des balzanes, du blanc à la tête ou tout autre signe pouvant servir à le faire reconnaître si, dans l'avenir, cela était nécessaire, ce qui ne peut manquer d'arriver souvent ; les règlements du Jockey's-Club étant à peine suffisants pour établir l'identité des chevaux en cas de fraude.

Je ne puis trop recommander aux éleveurs de prendre les plus grandes précautions à cet égard, et de se mettre en mesure de pouvoir donner les preuves les plus évidentes de l'origine des produits sortis de leur haras ; trop souvent les innocents sont confondus avec les coupables, et d'injustes soupçons sont élevés ; il faut donc se mettre en mesure d'en prouver la fausseté par des témoignages irrécusables. Ainsi, il est bon de montrer souvent les poulains à ses voisins, d'appeler leur attention sur les marques distinctives, sur la conformation, les particularités les plus saillantes, et principalement sur les divers changements qui s'opèrent en eux. Avec ces précautions on se mettra en mesure dans le cas où, plus tard, des contestations s'élèveraient sur l'origine de ces animaux, de produire des témoins en état de les faire vider.

Les stud-book particuliers devront contenir une colonne pour les observations faites sur le produit, depuis sa naissance. Cette colonne contiendra tout ce qui peut arriver au jeune animal, aussi bien que des notes sur sa santé, son caractère, ses défauts ou ses qualités ; si on s'en est séparé, marquer l'époque de la vente, le nom de l'acheteur, les lieux où cet animal a pu courir, *ses performances* ou ses chasses, si on l'a conservé ; même après la vente, si on a pu le suivre chez ses nouveaux propriétaires : tous ces renseignements pouvant être utiles dans un temps ou dans un autre, ou seulement faciliter des points de comparaison utiles et intéressants.

Il est essentiel que le stud-book particulier soit de la plus grande exactitude et bien en rapport avec les notes envoyées à MM. Weatherby, gardiens du *Stud-Book général* ; car les étrangers n'achèteraient pas de chevaux de sang, s'ils ne pouvaient voir leur généalogie tracée dans ce dernier registre, et conforme à ce qu'ils auraient vu sur les stud-book particuliers. Cela est également important pour les courses qui se font chez nous ; la récente et assez plaisante affaire relative à *Blooms bury* est bien faite pour servir d'avertissement à tous les éleveurs de chevaux de course qui désirent agir avec loyauté et conserver leur réputation ; cette affaire doit les engager à prendre les moyens les plus efficaces pour qu'on ne puisse élever aucun soupçon sur l'identité des chevaux qu'ils amènent sur l'hippodrome ou sur leur origine et celle de leurs mères.

MM. Weatherby, gardiens du Stud-Book, s'en rapportant presque entièrement aux déclarations qui leur sont faites par les éleveurs eux-mêmes, et aux documents que ces derniers leur fournissent, on peut donc craindre qu'il ne se glisse quelques erreurs intéressées, ou quelques fraudes dans les déclarations et dans les inscriptions faites, qui consistent seulement à indiquer que telle jument a produit un poulain ou une pouliche tel jour, tel mois, telle année, par tel étalon, et que ce produit est bai, noir, alezan ou gris. Ces indications sont-elles suffisantes pour établir d'une manière positive l'identité d'un jeune cheval, et pour éviter les erreurs et la fraude ? Je le crois d'autant moins qu'il est bien reconnu que l'âge d'un cheval ne peut être prouvé d'une manière absolue par les dents, puisque des poulains de trois ans ont souvent la bouche de ceux de quatre ans, et que d'autres fois celui de quatre ans aura celle de trois seulement. Il devient donc d'une nécessité plus grande que jamais de chercher les moyens de corroborer par d'autres preuves celles tout à fait insuffisantes que peut fournir le général Stud-Book ; car, jusqu'à ce qu'un système différent soit adopté par MM. Weatherby, ou que le Jockey's-Club se soit occupé d'obvier aux abus qui se sont introduits dans cette partie vitale de toute amélioration chevaline, le Stud-Book continuera d'ouvrir ses pages à l'erreur et à la fraude.

Il existe dans le mode d'inscription des produits au General Stud-Book anglais un autre vice ; c'est qu'il n'est pas le moins du monde question d'une jument ni de son produit si elle n'en a pas eu d'autres ; ce premier produit est donc destiné, quelles que soient la noblesse, la pureté, la célébrité de son origine, à n'être qu'un *cocktail*, ou cheval de course qui est censé n'être pas de pur sang. Plusieurs chevaux se trouvant dans le même cas ont été repoussés dans cette classe de *parias* ; mais ils s'en sont dédommagés en profitant du bénéfice de cette espèce de roture, c'est-à-dire de la faculté de courir à poids plus légers dans certaines courses.

Un livre ou stud-book particulier, dans chaque haras, serait un moyen de remédier à plusieurs des abus que je signale, puisqu'il viendrait en aide au Stud-Book général, et confirmerait l'exactitude des déclarations faites à ce dernier.

# AUX POULAINS APRÈS LE SEVRAGE.

La chose la plus essentielle pour la plupart des éleveurs, c'est d'avoir des produits grands et forts dès le jeune âge, et il est vraiment étonnant et incontestable ce qu'on peut obtenir d'une nourriture abondante, bonne, et judicieusement donnée, d'un bon abri, de la liberté de courir par un temps favorable, et de soins intelligents et soutenus.

Il est tout naturel de penser que le poulain, accoutumé au lait nutritif et abondant de sa mère, perdra de son état d'embonpoint et de vigueur lorsqu'il en sera privé; il faudra donc chercher les moyens de diminuer les fâcheux effets de cette transition en l'amenant par degré et presque insensiblement, et en donnant les plus grands soins à la qualité aussi bien qu'à la quantité de la nourriture donnée au poulain. Celle qui renferme la plus grande quantité de parties alimentaires doit être préférée, et le peu de foin qu'on fera entrer dans la ration journalière sera de première qualité. J'ai vu le sainfoin employé avec succès; mais tous les terrains ne sont pas propres à cette plante.

Quand on commence à sevrer les poulains, leur boisson habituelle doit se composer d'eau de farine de graine de lin, breuvage excellent et qu'on ne peut trop recommander pour tous les chevaux.

Une forte portion d'avoine doit être donnée aux poulains en sevrage. Quand ils sont bien portants, ils en mangeront facilement deux quartiers par jour (1), et quand ils avanceront en âge on augmentera progressivement cette quantité. On aura soin de mêler à l'avoine le sédiment qui restera au fond du vase contenant l'eau de farine de graine de lin.

J'ai déjà recommandé l'usage de l'avoine concassée ; je crois devoir y revenir, le regardant comme étant très-bon. Le son mouillé légèrement et bien brassé doit être donné aux poulains au moins une fois par semaine, et même plus souvent lorsqu'on le juge nécessaire. Les carottes sont aussi une excellente nourriture pour les jeunes animaux, on devra donc leur en donner une fois ou deux par jour. Mais comme la même espèce de nourriture donnée continuellement peut faire perdre l'appétit aux poulains aussi bien qu'à l'homme, il est bon de chercher à la varier aussi souvent que possible. L'orge bouillie est très-nutritive, et la plupart des chevaux l'aiment beaucoup, on peut donc faire alterner cette nourriture avec l'avoine lorsqu'on s'aperçoit que les poulains ne consomment pas cette dernière avec leur appétit ordinaire ; dans ce cas il faut faire bouillir l'orge pendant deux ou trois heures dans une petite quantité d'eau, et en ayant soin de remplir à mesure qu'elle se réduit, et de remuer continuellement, afin que le grain ne brûle pas et qu'il soit cuit également. On peut le regarder comme étant suffisamment bouilli quand tous les grains sont crevés. Quand on le donnera aux poulains, il faudra le mélanger avec un peu de son et de paille hachée très-menue.

Au bout de douze à quinze jours de sevrage, il sera bon de purger légèrement les poulains ; une drachme à une drachme et demie d'aloès avec une drachme et demie de savon de Castille, et la même quantité de gingembre suffira : il vaut toujours mieux commencer

---

(1) Dès l'âge d'un mois, le poulain commence à manger de l'avoine avec sa mère si on en donne à cette dernière, ce qui a lieu dans la plupart des établissements de haras en Angleterre. Il s'habitue donc promptement à cette nourriture, et, à l'époque du sevrage, il souffre peu de la privation du lait de sa mère ; quatre à six litres d'avoine sont suffisants pour le poulain arrivé à l'âge de six à huit mois. Il y a des inconvénients à en trop donner.

par une faible dose afin de s'assurer de la constitution de l'animal (1).

Les purgatifs trop forts sont toujours nuisibles, surtout pour de jeunes animaux, et si on les prépare, comme cela doit se faire, deux jours à l'avance, avec beaucoup de son mouillé et très-peu de foin, une petite dose d'aloès produira l'effet désiré.

Le jour qui suivra la purgation, on fera sortir les poulains dans les paddocks ou cours pendant quelques instants, si le temps est beau, de manière à activer l'effet de la médecine, et diminuer l'indisposition qu'elle aura produite ; il faudra les faire surveiller, non pour les exciter à galoper et à s'échauffer, mais pour les mettre un peu en mouvement, jusqu'à ce que la purgation ait fait son effet, après quoi on les fera rentrer.

---

(1) Nous croyons devoir faire observer ici que nous ne nous rendons nullement garant de toutes ces prescriptions indiquées par l'auteur anglais ; car il en est quelques-unes qui ne sont pas tout à fait dans nos idées. Cependant nous devons dire que les succès obtenus en Angleterre, en ce qui concerne l'élève du cheval, sont de nature à donner de la confiance pour les pratiques en usage dans cette contrée.

y
d
tu
vi
c
r
de
c'i
ch
d
e
pe
ch
de
do
se
pa
m
ca
ce
de
pe
ou

## DE L'ÉDUCATION

# A DONNER AUX POULAINS.

———

Etant très-grand partisan des bons traitements envers les animaux, je ne puis trop conseiller l'emploi de la douceur et de la patience dans l'éducation des poulains. Il est de toute nécessité de les accoutumer par degrés, et d'une manière presque imperceptible, à ce qu'on veut obtenir d'eux. La défiance, l'effroi continuels que manifestent certains chevaux, ne viennent pas d'une mauvaise disposition naturelle, ou d'un mauvais caractère, mais bien plutôt de l'ignorance et de la brutalité de ceux qui les ont élevés ou soignés. Ce qui le prouve, c'est qu'un grand nombre de chevaux, d'abord très-difficiles à approcher, à panser et à monter, sont devenus parfaitement dociles et doux en changeant de maître et de groom. Je pourrais citer ici des exemples multipliés qui serviraient à prouver l'importance qu'il peut y avoir à élever les poulains doucement et à traiter de même les chevaux faits, de même qu'à faire ressortir les graves inconvénients des mauvais traitements, ainsi que les bons effets qu'on obtient de douces et persévérantes mesures.

Chaque espèce d'animaux a son degré d'instinct et d'intelligence; sous ce rapport, le cheval est assez heureusement doué, et, s'il n'est pas guidé par la raison, du moins est-il susceptible de l'être par la mémoire, l'habitude et l'expérience; ainsi, quelles que soient les causes qui lui auront occasionné du mal, de la peur, une fatigue excessive, il ne les oubliera pas, et s'efforcera toujours de les éviter, de les fuir. D'après cela, il est donc nécessaire d'associer à ce qu'on peut exiger de lui, et de nature à lui être pénible dans le moment, ou plus tard en souvenir, quelque autre chose qui lui soit agréable, et qui lui procure un plaisir dont il conserve volontiers la mémoire.

Ainsi donc, un jeune poulain est-il alarmé quand la main de l'homme s'approche de lui, ne vous permettez cette familiarité qu'en lui présentant en même temps à manger quelque chose qui lui plaise, et qu'il puisse considérer comme récompense ; bientôt l'espérance d'obtenir cette faveur l'engagera à se laisser toucher dans toutes les parties du corps, parce qu'il espérera par là ce qu'il est habitué à recevoir. C'est ainsi que chaque jour vous obtiendrez du poulain de nouvelles choses, et que progressivement vous arriverez à son éducation complète.

Il est bon d'accoutumer de très-bonne heure les poulains à porter un licou léger de temps en temps, et même à être attachés chaque jour quelques instants, pendant lesquels, sans être éloignés de leur mère, on les bouchonnera, on leur fera la queue, la crinière avec un peigne, on leur lavera les pieds qu'on rognera suivant le besoin ; toutes pratiques nécessaires pour les habituer à ce qu'on exigera d'eux plus tard.

On doit aussi ouvrir souvent la bouche des poulains, leur toucher les dents, la langue, mais avec la plus grande douceur, afin de ne pas les faire souffrir ou les alarmer, ce qui les rendrait mutins quand on voudrait leur administrer au besoin une médecine.

Ils seront quelquefois conduits au bout d'une longe placée à la tête du licou ou adaptée à un petit caveçon.

Toutes ces pratiques, amenées par degrés, accoutumeront le poulain à faire tout ce qu'on exigera de lui, et, en cas d'accident, il sera beaucoup plus facilement traité que s'il n'était pas ainsi rompu par l'habitude et en confiance avec l'homme qui l'a toujours traité doucement, mais avec fermeté.

Chaque jour on fera prendre de l'exercice aux poulains dans leur paddock, s'il fait beau, bien entendu ; car on devra s'en abstenir quand il pleuvra.

Pendant l'hiver on les fera sortir et courir sur les dix à onze heures le matin, et, si le temps le permet, on recommencera cette promenade de trois à quatre heures de l'après-midi.

Au printemps ils pourront sortir plus tôt et rester plus tard ; mais pendant les grandes chaleurs de l'été, ils devront sortir à cinq heures du matin jusqu'à neuf, et rester enfermés jusqu'à ce que la grande chaleur du jour soit passée ; après quoi ils auront leur liberté jusqu'à huit heures du soir.

A l'âge de dix-huit mois il sera nécessaire de commencer une éducation plus sérieuse et plus régulière, suivant l'usage auquel on destinera les jeunes animaux. Cette partie de l'élève du cheval de course et de chasse sera traitée séparément lorsqu'il sera question de l'entraînement.

La plus grande attention doit être donnée aux fumiers dans les hangars, et alors il faut avoir soin d'y entretenir une propreté aussi grande et aussi scrupuleuse que dans l'écurie la mieux tenue : trop souvent cette partie est négligée, et il en résulte de graves inconvénients surtout pour les pieds des poulains.

Il existe un vieil adage anglais qui mérite l'attention de l'éleveur, et que je crois devoir citer ici : « La bonté du cheval vient de sa bouche (1). » Rappelons-nous donc qu'on ne saurait prendre trop de soins pour que les poulains soient nourris avec les meilleurs grains et fourrages donnés en quantité suffisante, et soyons bien convaincus qu'ils ne seront jamais aussi grands, aussi forts, aussi bons, si ce choix et cette abondance n'ont eu lieu dans le jeune âge. Dans ce cas le temps perdu se répare rarement.

On peut à la rigueur mettre deux poulains ou deux pouliches dans le même paddock ; mais il vaudrait mieux les séparer, si cela est possible ; car les accidents surviennent presque toujours par suite de la réunion des jeunes animaux dans la même pâture.

Mais il est de toute rigueur de séparer les sexes.

---

(1) Il est un autre adage que nous avons entendu répéter bien souvent à l'un de nos anciens officiers supérieurs des haras, dont la vieille expérience égale les connaissances pratiques : « Pour faire un cheval, il faut, disait-il, *papa, maman,* et le coffre à l'avoine. » Rien n'est plus vrai. Tout n'est pas là seulement ; car sans les soins, sans l'éducation, on n'arriverait qu'à des résultats fort imparfaits. On aurait donc dû ajouter : « Et l'homme intelligent et soigneux. »

# AUX PIEDS DES POULAINS.

Quand on comprend toute l'importance du bon état des pieds du cheval, on ne s'étonnera pas si j'insiste fortement sur la nécessité de commencer de très-bonne heure à y donner la plus grande attention, et même lorsque les poulains sont encore près de leur mère. On devra leur visiter les pieds au moins une fois par mois, et lorsqu'on y découvrira quelques portions de la corne brisées ou déchirées, il faudra les enlever avec attention et de manière à ne pas blesser le jeune animal ou endommager les parties saines; mais c'est principalement dans les deux années qui suivent qu'il est de la plus haute importance de ne rien négliger pour le bon entretien des pieds; car de là dépend souvent la bonté du cheval, quand il arrive au moment de rendre les services auxquels il peut être propre.

J'ai déjà recommandé les herbages secs comme étant les plus propres à l'élevage des chevaux, et en même temps j'ai indiqué, fort brièvement il est vrai, comment on pouvait éviter les accidents qui n'arrivent que trop souvent aux pieds des jeunes animaux lorsque, par suite de la trop grande sécheresse, le terrain sur lequel ils pâturent ou prennent de l'exercice se durcit outre mesure; je crois devoir répéter encore qu'il faut couvrir le sol des paddocks, des cours, des hangars, cabanes ou abris quelconques avec de la terre argileuse qu'on aura soin d'entretenir un peu humide en la mouillant fréquemment, mais non de manière à la détremper. Pareille précaution devra être prise près des mangeoires, afin que, pendant qu'il mange son avoine, le poulain demeure un peu de temps sur une surface douce et fraîche.

Je crois devoir répéter que la plus grande attention doit être donnée à la propreté des endroits fréquentés par les jeunes animaux, et les fumiers enlevés aussi souvent que dans les écuries les mieux soignées. Trop souvent cette partie du service est négligée, et il en résulte de fâcheuses conséquences pour les pieds des chevaux. J'ajouterai qu'un très-grand nombre des maladies et des accidents qui surviennent à cette partie ont pour cause le séjour du fumier ou de la litière sale dans les lieux habités par les poulains d'abord, puis ensuite par les chevaux.

On sait très-bien que les terrains secs peuvent produire des pieds étroits et des talons élevés, les fibres du sabot étant plus épaisses et plus compactes, par conséquent plus dures : pour remédier à cet inconvénient, qui pourrait avoir des suites fâcheuses, il faut employer des moyens capables de neutraliser de semblables effets. Ainsi donc, lorsque les poulains paraissent avoir les talons trop élevés et la fourchette petite et étroite, cela indique qu'il faut abaisser les uns et chercher à ouvrir ou élargir l'autre, en enlevant quelques portions de la corne extérieure et intérieure, ce qui remédiera aux défauts observés et permettra au pied d'arriver à un état plus parfait.

Il est des cas où un demi-fer serait utile, afin de faire porter davantage le poids de l'animal sur les talons ; mais on ne devra employer ce moyen que par degrés ; car tout ce qui serait fait d'une manière brusque et trop tranchée, en ce qui concerne les pieds des jeunes chevaux, pourrait être suivi d'accidents fâcheux. Chose facile à concevoir, quand on prend en considération la structure compliquée du mécanisme du pied du cheval, et l'extrême délicatesse de toutes ses parties. Les chevaux qui ont les talons très-hauts sont ordinairement sujets à être droits sur les paturons. On peut donc être assuré qu'en remédiant au premier défaut on évitera ou modifiera l'autre.

Cette attention, que je ne puis trop recommander d'avoir pour les pieds des chevaux, est malheureusement trop peu en usage dans plusieurs de nos établissements les plus renommés, et un grand nombre de nos meilleurs éleveurs n'y pensent même pas ; aussi combien n'ai-je pas rencontré de poulains qui, à l'âge de deux ans, n'avaient jamais eu les sabots parés, et même auxquels on n'avait jamais levé les pieds. Combien n'éprouve-t-on pas de difficultés alors qu'il y a nécessité de travailler aux pieds pour une cause quelconque, et combien s'augmente celle si naturelle du ferrage?

Il résulte encore de cette négligence impardonnable qu'au moment de ferrer les chevaux pour la première fois, le maréchal étant la première personne qui essaie de soumettre l'animal à une opération dont les différentes circonstances sont de nature à l'effrayer, et même à le faire souffrir, est pris par lui en aversion, et qu'on a toutes les peines du monde à le faire revenir de cette première impression. Le contraire arrive si les poulains ont été habitués à se voir manier, lever les pieds, rogner la corne, frapper sur toutes les parties externes et internes du sabot, toutes les fois que les circonstances l'exigent ou qu'on en a l'idée, car alors, s'il s'agit de ferrer le jeune animal, il n'éprouve ni frayeur ni douleur, puisqu'il ne se défend pas, et le maréchal n'est pour lui qu'un homme comme un autre, pour lequel il ne se sent aucune aversion.

Les défauts que j'ai signalés plus haut peuvent aussi provenir d'autres causes, de vices de conformation, par exemple. Il est des cas où le sabot prendra une forme anormale par suite d'une direction particulière de la jambe, et d'après le même principe que les chevaux ayant les paturons droits, ou ceux qui ont les genoux en avant, sont sujets aux talons hauts et étroits, il en est d'autres qui, ayant les paturons longs, flexibles et bas, sont d'aplomb sur leurs membres antérieurs, et ont les talons larges et bas.

Ces différences remarquées dans la conformation des extrémités du cheval peuvent être fort souvent attribuées à la manière dont le poids du corps se porte sur les différentes parties chargées de le supporter, et sur la nature de ces parties. Il est donc utile de bien observer les dispositions que montrent les poulains pour telle ou telle direction, et de chercher à la protéger si elle est bonne, et à la neutraliser si elle est mauvaise.

Dans tous les cas, il est toujours bon d'activer l'accroissement du sabot, et notamment des parties qui laissent à désirer souvent, c'est-à-dire aux talons et aux quartiers, en les frottant deux ou trois fois par semaine avec un mélange de thériaque et de goudron appliqué chaud sur le sabot.

La pince doit être tenue courte, et quelquefois il peut être utile de râper le devant du sabot; mais on ne touchera jamais aux quartiers. Si on jugeait nécessaire d'appliquer un fer léger au sabot, il ne faut pas qu'il soit attaché à plus de six clous, qui seront mis aussi en avant que possible, de manière à ne pas serrer et blesser les talons, et à ne pas nuire à la substance cornée des quartiers.

Comme pour une foule de choses ayant rapport à l'élève du cheval, il serait impossible de prescrire ce qu'il faudrait faire, soit pour prévenir, soit pour corriger les vices de conformation ou les mauvaises dispositions remarquées; c'est à l'éleveur à observer et à employer les meilleurs moyens que sa pratique et son expérience pourront lui indiquer. Lui seul sera à même de voir si d'autres causes ne produisent pas les effets qui frappent les yeux, et s'il n'y a pas moyen de les combattre.

Quelques chevaux, mais très-rarement ceux de pur sang, ont une disposition à un superflu de corne. Dans ce cas, il faut bien se garder d'aider à cette croissance déjà trop grande, mais au contraire chercher à la ralentir en râpant de temps en temps le sabot et ne le laissant pas trop humide.

La nature non élastique de tels pieds est ce dont on doit le plus s'occuper et se défier, car leur substance dure et compacte ne permet que difficilement à la partie sensible du pied qu'elle entoure de se mouvoir avec facilité, et d'éprouver le moindre adoucissement à la gêne qu'elle éprouve, gêne que l'on peut comparer à celle que nous éprouvons quelquefois lorsque nous sommes forcés de marcher avec des chaussures trop étroites et mal adaptées à la forme de notre pied. Ces souffrances peuvent donner l'idée de celles du pauvre cheval dont le petit pied se trouve comprimé par une substance bien autrement dure et forte que le cuir de nos bottes et de nos souliers, et qui ne présente aucune partie faible ou élastique.

On doit aussi donner une grande attention aux fourchettes qui sont sujettes à devenir pourries et ulcérées. Le goudron est non-seulement un préservatif de cette maladie, mais il peut aussi la guérir lorsqu'elle existe, s'il est appliqué avec persévérance. Toutefois je ne prétends pas que son emploi soit efficace pour toute espèce de fourchettes, et principalement pour les sabots très-durs ; mais tous les autres en obtiendront les meilleurs résultats, surtout si on mêle de la thériaque au goudron.

Si la pourriture de la fourchette devenait plus grave, et occasionnait une forte boiture, il faudrait alors humecter la partie malade deux fois la semaine avec une petite teinture composée de myrrhe, mais après avoir parfaitement nettoyé et coupé toutes les portions meurtries ou déchirées de la fourchette qui peuvent gêner l'intérieur du sabot.

On peut aussi appliquer sur la partie souffrante une petite étoupade humectée avec la même teinture, et en couvrant le tout de goudron ; on l'y laissera pendant quelque temps, en ayant le soin de poser cet appareil le soir, lorsque l'animal est dans sa cabane et va se reposer.

Plusieurs personnes traitent la pourriture de la fourchette avec trop d'indifférence ; j'ai même entendu plusieurs éleveurs soutenir qu'elle était plus salutaire que dangereuse : je ne puis partager cette opinion, et si je ne crois pas à la gravité du mal, je n'en suis pas moins convaincu qu'il peut affaiblir le pied : la fourchette étant un agent nécessaire au développement des talons, elle doit donc être entretenue dans le meilleur état de santé et de conservation possible, et si cette partie est attaquée d'une manière plus ou moins forte, nécessairement l'animal craindra de faire porter dessus le poids qu'elle doit supporter dans l'état normal, et sera forcé de le rejeter sur une autre qu'il fatiguera et dont il faussera la direction ou retardera la croissance.

Ce n'est pas chose commune que de trouver de la corne aux talons des poulains de l'année, ou d'un an, avant qu'ils aient été chaussés, et fort souvent cette opération, lorsqu'elle est mal faite, est la cause d'un grand nombre de déviations de la forme du sabot et dans les aplombs du jeune cheval.

D'un autre côté, il arrive aussi qu'il y a une croissance excessive de la corne au talon, ce qui produit souvent des résultats fâcheux. Le meilleur moyen à employer pour remédier à cela, c'est de couper la corne et de râper en même temps les quartiers de manière à donner autant de facilité que possible à cette partie.

8.

Ainsi que je l'ai dit dans le courant de ce chapitre, de la conformation de certaines parties des membres dépend celle des extrémités et la direction qu'elles tendent à prendre. Ainsi donc, dans le cas où les jeunes chevaux seraient disposés à se porter sur certaines parties plus que sur d'autres, et si les membres se trouvaient déviés de leur aplomb, il serait possible de remédier à cela jusqu'à un certain point, en employant, avec des modifications appropriées au sujet et au cas, les mêmes moyens en usage pour les enfants chez lesquels on remarque des défauts de conformation ou des dispositions à des déviations fâcheuses et anormales des différentes parties du corps ou des membres.

Il est positif qu'on peut obtenir de grands résultats sur les chevaux dans des cas à peu près semblables, et surtout pour ce qui a rapport aux pieds ; il ne faut pour cela qu'un peu de persévérance dans l'emploi des moyens indiqués, qui sont des plus simples et beaucoup moins compliqués que ceux en usage pour l'espèce humaine. Ainsi, dans le cas où un poulain tourne la pince en dehors, il deviendra plus droit si on abaisse le dedans du talon petit à petit vers la pince, en appliquant en même temps une plaque de fer ou sorte de demi-soulier fixé sur le côté extérieur. Le contraire peut être adopté si le poulain tourne ses pinces en dedans.

Je pourrais multiplier ici les exemples des différents cas dans lesquels on peut très-bien corriger les défauts de conformation des pieds des poulains, ou neutraliser les mauvaises dispositions de cette partie si essentielle de l'animal (1) ; mais il faudrait entrer dans des définitions scientifiques et anatomiques qui ne seraient pas du goût de tous nos lecteurs : je me contenterai donc de leur répéter que, s'ils sont éleveurs de poulains, ils doivent constamment porter leur attention sur les pieds de ces jeunes animaux, car des soins qu'ils leur donneront dépendront un jour les qualités, les succès, la valeur des chevaux qui sortiront de leurs écuries.

_______

(1) Nous avons publié les Observations sur les fonctions du pied du cheval, et sur les maladies produites par un système vicieux de ferrure, de Thomas Ritchie, chirurgien vétérinaire à Édimbourg. Traduit de l'anglais.

:(*Note de l'éditeur belge.*)

# DES VERS.

Dans un des chapitres précédents, j'ai parlé des *vers* qui se trouvent dans l'intérieur du corps des poulains, et me suis contenté d'indiquer très-succinctement le traitement à suivre en pareil cas, en promettant de traiter ce sujet un peu plus au long dans un chapitre spécial. Tout en ayant l'intention de tenir cette promesse, je dois dire que je ne suis pas compétent pour assigner positivement les causes qui produisent les vers, et néanmoins je suis convaincu que deux circonstances contribuent puissamment, sinon à les faire naître, du moins à en augmenter le nombre.

La première, les mauvaises digestions.

La seconde, la qualité des herbages dans certaines localités.

Dans le premier cas, la présence d'un très-petit nombre de *vers* doit nuire à la digestion, et par suite de cette altération des fonctions digestives, la multiplication des *vers* en devient plus facile et par conséquent plus grande. Le nombre s'en augmente dans une proportion tellement effrayante, que fort souvent il y a danger de mort pour le jeune animal, si on n'y porte un prompt secours, et si on n'emploie des remèdes efficaces capables d'arrêter les progrès du mal. Dans le second cas, je puis citer une prairie enclose dans laquelle j'ai mis plusieurs années de suite des poulains chez lesquels j'ai remarqué un grand nombre de *vers,* tandis que d'autres, placés dans des herbages voisins, n'en avaient point, ou du moins n'en souffraient pas. Cependant, j'employais vis-à-vis des premiers les remèdes indiqués au chapitre sur le traitement des poulinières ; ils réussissaient d'abord ; mais peu de temps après, les *vers* reparaissaient. J'essayai alors de changer les poulains d'enclos, et les *vers* ne reparurent plus.

Je dois dire que, quoique très-voisins, les herbages n'étaient pas de même nature, c'est-à-dire que les plantes dont ils étaient formés n'étaient pas des mêmes espèces.

Que conclure de tout cela, sinon que les *vers* doivent être le résultat de quelque espèce de mouches qui fréquentent plus particulièrement les terrains où se trouvent certaines plantes en plus grande quantité que dans d'autres?

Toutefois, il est juste de dire que les chevaux qui restent beaucoup à l'écurie sont très-souvent incommodés par les *vers ;* mais ce ne serait pas une raison pour rejeter les causes que je viens d'énoncer, on pourrait seulement être fondé à penser qu'elles ne sont pas les seules. Quoi qu'il en soit, il est un fait qui domine tous les autres, c'est le danger pour les jeunes chevaux à conserver un grand nombre de *vers* pendant longtemps dans leurs intestins ou dans leur estomac. Il faut donc avant tout s'occuper des moyens de les détruire le plus promptement possible, quand leur présence est annoncée par des accidents dont la nature ne peut permettre de se méprendre sur leurs causes.

J'ai toujours remarqué que des doses répétées de *calomel* mêlé avec de l'*aloès* et différents aliments réunis pour former des *mâches* produisaient un excellent effet. Ce mélange administré pendant trois jours consécutifs, dans des proportions établies d'après l'âge et la constitution du sujet, est un moyen employé par moi plusieurs fois avec un succès complet. Je préfère donner le *calomel* au mélange des *mâches,* parce que de cette manière il agit mieux sur l'estomac et les intestins que s'il était administré en pilules ou bols. Je mets alors une drachme ou la huitième partie d'une once de calomel.

Il en est autrement pour les poulains qui sont encore sous la mère, car ils ne pourraient manger les *mâches ;* mais s'ils sont sevrés on peut les leur donner, ils les mangeront d'autant mieux qu'on les aura laissés à jeun pendant quelques heures avant de les leur offrir.

Ainsi donc, en ce qui concerne les poulains qui tettent, on leur donnera le *calomel* et l'*aloès* dans un breuvage d'eau de gruau un peu épaisse, en ayant soin que la poudre ne reste pas au fond.

Quelques personnes prétendent que le *calomel* ne détruit pas les vers, et font usage de tabac. Je n'ai jamais employé cette substance comme remède contre les vers, je ne puis donc me prononcer sur son efficacité ; mais je puis au contraire garantir celle du *calomel*, en ayant vu et expérimenté les bons effets. Je me crois donc fondé à dire que s'il a échoué quelquefois, cela est venu de ce que les remèdes n'avaient pas été bien administrés, ou que les causes premières, telles que le séjour dans des pâturages semblables à celui dont j'ai parlé plus haut, avaient continué à agir sur les sujets soumis au traitement. Malgré ma prédilection pour le *calomel*, je crois devoir dire un mot du tabac considéré comme remède contre les vers et des moyens de l'administrer.

On devra d'abord placer le tabac dans un four peu chaud et l'y laisser jusqu'à ce qu'il soit bien sec, puis on le râpera très-fin. Après cela, on en prendra une cuillerée ordinaire qu'on mêlera dans l'avoine donnée aux chevaux ou poulains tous les matins, jusqu'à ce que cela ait produit une petite purgation ; alors on joindra au mélange un peu d'aloès (1).

---

(1) Nous croyons devoir reparler ici d'un autre remède employé contre les *vers* avec succès depuis quelque temps en France, et indiqué dans le *Journal des Haras,* t. VIII, p. 150, 1ʳᵉ série.

« Un vermifuge des plus actifs, peu connu, et qui mérite de l'être universellement, puisqu'il offre l'inappréciable avantage de pouvoir être donné sans rien changer au régime des animaux, même pendant la saison des travaux, de ne pas les dégoûter et d'être peu coûteux, c'est le seigle torréfié jusqu'au brun noir comme le café.

» La manière peu embarrassante de préparer le seigle et de le faire prendre mérite d'être portée en ligne de compte ; la voici : on fait sécher un double décalitre de ce grain dans le four après la sortie du pain, et on opère, aussitôt qu'il est sec, la torréfaction. Celle-ci étant achevée, on l'arrose et le mêle avec une solution d'un kilogramme de sel de cuisine dans une quantité suffisante d'eau bouillante qui le pénètre et le fait gonfler. A chaque repas on en donne un litre mélangé avec l'avoine ou le son, ou la farine d'orge ; la première fois l'animal hésite un peu, mais bientôt il y prend goût et le mange avec plaisir.

» En disant que ce moyen si simple, si facile à se procurer, est, de tous ceux employés jusqu'à ce jour, celui qui nous a le mieux et le plus généralement réussi, nous ne faisons que rendre hommage à la vérité. Après peu de jours de son usage, les vers sont expulsés par paquets, tous le même jour, et la plupart encore vivants. »

un
so
v
qu
dé
d'
co
da
se
en
v
de
m
So
[illegible]
[illegible]
pi
ti
en
hoi
en
me
gru

# DES GOURMES. [1]

Cette maladie attaque ordinairement tous les jeunes chevaux, c'est un tribut qu'ils doivent payer tôt ou tard. Elle exige les plus grands soins et les plus grandes précautions, et malgré cela souvent devient dangereuse et incurable.

Les *gourmes* attaquent essentiellement la constitution des poulains qui en sont affectés, et presque toujours pour longtemps. Il est donc désirable qu'ils aient traversé cette époque délicate de leur vie avant d'être mis en *traîne*, c'est-à-dire en état de préparation pour les courses ; car si la maladie les envahit lorsqu'ils ont deux ans, et pendant les exercices de l'entraînement, il serait possible qu'ils ne pussent courir ni cette année ni la suivante, ou tout au moins que leur entraînement fût incomplet.

Les *gourmes* négligées produisent souvent le *cornage*, qui provient alors de la grande inflammation qui a son siége dans les voies de la respiration. Ces parties sont quelquefois affectées et attaquées à un si haut degré, qu'à moins que des remèdes prompts et efficaces ne soient administrés à temps, le mal devient chronique et permanent.

Les *gourmes* malignes négligées et invétérées dégénèrent fort souvent en *morve*. J'ai vu plusieurs exemples de ces accidents à la suite

---

(1) Nous croyons devoir rappeler ici à nos lecteurs que l'ouvrage que nous publions est traduit de l'anglais, et que nous ne voulons, en aucune façon, garantir l'efficacité des remèdes indiqués par l'auteur. On sait que l'empirisme est encore en grande faveur en Angleterre, surtout parmi les entraineurs et hommes d'écuries. Les succès qu'ils obtiennent souvent, par suite des moyens employés, doivent nous empêcher de rejeter sans examen et sans essai leur méthode ; c'est ce qui nous a décidé à publier textuellement le chapitre sur les *gourmes*.

de gourmes de mauvaise nature, et pendant que les sujets qui en furent les victimes étaient en entraînement, et par conséquent depuis longtemps à un régime tout à fait opposé à celui qu'exige la maladie ; ce qui devait nécessairement lui donner un caractère plus inflammatoire et plus violent.

Les *gourmes* s'annoncent assez ordinairement par un état de faiblesse et de langueur qui dure plusieurs jours avant que les signes extérieurs de la maladie se fassent apercevoir. Il y a déjà de la fièvre ; la langue est sèche et brûlante ; les yeux sont rouges, enflammés et pesants. Un grand désir de boire se fait sentir très-fréquemment ; mais l'animal est bientôt incapable de le satisfaire, excepté en très-petite quantité, en raison de la douleur qu'il éprouve au passage des liquides dans les glandes, le larynx et toutes les parties voisines.

Bientôt l'animal refuse son avoine, il prend quelques poignées de foin et souvent de sa litière ; il les mâche, mais les rejette bientôt dans un état de demi-mastication, car il ne peut les avaler.

Une toux fréquente et souvent violente se fait entendre ; elle a pour cause l'irritation qui existe dans les parties malades et par la pression produite par la grande inflammation des glandes. Et comme leur fonction est de sécréter le liquide destiné à lubrifier les organes qui les avoisinent, il résulte nécessairement de cet état de choses anormal que le liquide devient d'une qualité acrimonieuse et très-malsaine, qui rend fort souvent la maladie mortelle, si on ne cherche pas par tous les moyens possibles à porter l'irritation au dehors. J'ai vu des cas dans lesquels les malades mouraient bien positivement empoisonnés par le pus résultant des abcès qui s'écoulaient dans l'estomac et dans toutes les voies digestives.

Il est donc essentiel, dans les cas où l'inflammation serait plus intérieure qu'extérieure, de chercher à la porter au dehors par des dérivatifs puissants.

Lorsque les *gourmes* sont bénignes, on n'est pas obligé d'en venir à ces remèdes énergiques ; la maladie prend son cours tout naturellement, l'enflure qui paraît entre les mâchoires et se prolonge souvent le long de l'œsophage se résout en abcès qui aboutit bientôt, soit à l'aide du bistouri, soit par la seule application d'une peau de mouton et de cataplasmes émollients. Quelle que soit la malignité des *gourmes* et la gravité des accidents observés au début, du moment où on parvient à dériver l'irritation et à la porter au dehors, on peut avoir l'espérance de guérir le malade. Cette espérance se change en certitude lorsque l'inflammation est bien prononcée extérieurement et que la suppuration s'établit et rend abondamment.

L'essentiel est donc de dégager les glandes et les vaisseaux sanguins ; de reporter l'irritation au dehors, afin de l'empêcher de faire de prompts ravages au dedans.

La première marche à suivre dans le traitement des *gourmes* est de rendre le sang plus fluide, afin qu'il circule plus facilement dans les petits vaisseaux. Pour obtenir ce résultat, on donnera aux poulains, chez lesquels on remarque les premiers symptômes du mal, quelques petites doses de nitre dans la quantité d'une once à deux, deux fois par jour dans le breuvage, en y joignant constamment un mélange de farine de graine de lin, de son et de carottes pour nourriture ; ou, si la saison le permet, de la luzerne, du trèfle ou des vesces : le foin doit être supprimé totalement.

La plus grande attention doit être donnée à l'état des intestins ; et s'il y a constipation ou seulement échauffement, il faudra administrer force lavements. Mais cela est rarement nécessaire, si on a fait prendre le nitre que j'ai indiqué plus haut, et fait suivre un régime rafraîchissant dès le début du mal.

La saignée ne doit pas être pratiquée, à moins que l'inflammation ne soit arrivée à un point excessif et que la difficulté de la respiration n'indique une affection aux poumons. Cette opération (la saignée) pourrait retarder l'évacuation si nécessaire de la matière des glandes et en augmenterait l'absorption. Les purgations auraient un effet semblable ; il ne faut donc y avoir recours qu'après l'établissement de la suppuration, et lorsqu'on peut supposer que leur usage doit être avantageux, d'après l'état de la maladie.

Les glandes du cou et les mâchoires, entre lesquelles se trouve généralement un engorgement très-fort, doivent être frottées doucement, deux fois par jour, avec un liniment légèrement stimulant composé d'huile d'olive et de sel ammoniac à égales parties. ou d'es-

9

prit-de-vin, sel ammoniac et teinture de cantharides dans les mêmes proportions. Environ deux cuillerées de l'un ou l'autre de ces mélanges seront suffisantes pour chaque friction.

Il sera en même temps nécessaire de fomenter avec de l'eau aussi chaude que la main pourra le supporter toutes les parties souffrantes. Après cette fomentation, on prendra du foin qu'on aura fait infuser dans de l'eau chaude, et on le posera sur les mêmes parties. Un camail de nuit, en flanelle, servant ordinairement à couvrir la tête et les oreilles, est la meilleure enveloppe dont on puisse faire usage en pareil cas, non-seulement pour tenir chaudement la tête et principalement les mâchoires et le cou, mais aussi pour conserver au foin sa chaleur.

Le foin, ainsi appliqué, est préférable à toute autre nature de cataplasme, parce qu'étant léger, il ne retombe pas par son propre poids, ce que font les autres substances. Du reste, il faut avoir le soin de l'envelopper et de l'attacher de manière à ce qu'il ne passe aucun courant d'air entre le cataplasme et les parties malades ; car, s'il y avait refroidissement, cela pourrait occasionner des accidents graves et faire le plus grand mal : ce qui arrive quelquefois lorsque la tête est extrêmement enflée dans toutes ses parties inférieures et même les lèvres.

Je recommande de tenir l'animal malade chaudement, mais de donner une libre circulation à l'air dans les lieux qu'il habite. On le couvrira donc plus ou moins suivant la saison et l'état de l'atmosphère, et on prendra les mesures nécessaires au renouvellement de l'air.

Après avoir suivi ces prescriptions avec soin, persévérance et assiduité, si l'enflure montre de la disposition à se fondre ou à s'ouvrir, il ne sera pas nécessaire de continuer l'emploi du liquide stimulant. Je crois devoir faire observer ici en passant combien il est défavorable et même dangereux de toucher les engorgements, de les presser et de les froisser lorsqu'on les frotte avec le liniment indiqué plus haut. Trop souvent on emploie des moyens trop rudes ou l'on frotte avec trop de force, en s'imaginant que le liquide ne ferait pas l'effet désiré sans une violente friction. Il peut en résulter de graves inconvénients.

Il suffit que le poil et la peau soient entièrement saturés avec le liquide ; mais la fomentation à l'eau chaude devra se continuer jusqu'à ce que l'enflure cède ou abcède, et même tant qu'il y a apparence d'écoulement, que l'ouverture soit extérieure ou intérieure ; car il arrive fort souvent que la résolution de l'engorgement et l'écoulement de la matière ont lieu en dedans, ce qui s'aperçoit bien vite par l'aplatissement de la tumeur.

Quand le mal est arrivé à ce point, une amélioration sensible se manifeste chez l'animal. Bientôt elle sera plus apparente, et l'appétit revenant petit à petit, avec lui reviendront les forces, surtout lorsqu'on pourra le soumettre à un autre régime moins sévère et moins débilitant.

Dans le cas où les choses ne suivraient pas exactement la marche que je viens d'indiquer et où l'enflure ne se terminerait pas en suppuration, soit extérieurement, soit intérieurement, la convalescence serait reculée et pourrait être longue, alors il faut employer d'autres moyens à l'effet de détruire les causes du retard apporté dans la guérison. L'un de ceux que je conseille pour faire marcher la maladie plus complétement vers sa fin est de donner deux doses modérées d'aloès à des intervalles ordinaires et en quantité déterminée par l'âge et la constitution du sujet, ce qui est connu de tous les hommes employés dans les écuries ; mais il est indispensable de ne pas employer les purgations avant que l'enflure ne soit entièrement dissipée par suite de la suppuration, à moins qu'on ne trouve qu'elle est de nature indolente et qu'elle a besoin d'être excitée pour arriver à sa maturité.

Ainsi que je l'ai fait observer plus haut, les *gourmes* produisent quelquefois le *cornage*. Il est donc nécessaire de prévenir des suites aussi fâcheuses, car chacun sait combien le *cornage* réduit la valeur de l'animal. Je conseillerai donc, après que l'abcès aura crevé et suffisamment suppuré, lorsqu'on apercevra à l'orifice de la plaie des symptômes de guérison, ou s'il n'y a pas eu de suppuration, si l'on croit que tout engorgement est dissipé par absorption, on fera bien de faire encore usage de quelque liquide stimulant ou même d'un vésicatoire doux appliqué sur les glandes du cou et sur les parties voisines. Cette friction pourrait être répétée trois ou quatre fois, de manière à ne pas craindre de ne pas voir un jour le cheval atteint de *cornage*.

Dans l'intervalle de l'application du premier liniment indiqué à celle du vésicatoire dont je viens de parler, intervalle qu'il serait difficile de déterminer, il serait à désirer que l'on frottât les parties malades avec de l'onguent mercuriel, et cela aussitôt que la croûte qui résultera de l'emploi du liniment sera sèche. On continuera l'emploi de cet onguent mercuriel jusqu'à ce que les glandes aient repris leur fermeté et soient revenues à l'état normal, mais en ayant soin de ne pas user de ce remède de manière à produire la salivation.

Je crois devoir faire observer ici que la propriété particulière du mercure est, dans ce cas, d'agir sur les glandes sur lesquelles les *gourmes* sévissent toujours avec force. Il faut donc employer tous les moyens possibles pour obtenir leur entière guérison, afin d'éviter les suites fâcheuses et si fréquentes qu'on déplore trop souvent, mais sans pouvoir y remédier. Je ne crains pas de dire que, dans le grand nombre des chevaux atteints de *cornage*, il y en a plus de la moitié qui le sont parce qu'on a négligé le traitement des poulains pris par les *gourmes*.

Indépendamment du *cornage* qui est trop souvent la suite des *gourmes*, on rencontre aussi des chevaux *morveux* par la même cause, d'autres attaqués de fluxion périodique, d'eaux aux jambes ou d'affections des organes intérieurs plus dangereuses encore parce qu'elles sont inaperçues et souvent inconnues pendant trop longtemps. L'emploi du mercure a donc pour objet, d'après ses propriétés absorbantes, de prévenir les suites d'une maladie dont les caractères principaux sont l'indolence, l'inactivité dans le sang et les humeurs, et une tendance au scrofule.

Je suis peu partisan de l'emploi de l'antimoine en général ; mais si, après que l'animal est guéri de ses *gourmes* et qu'il a pris deux petites purgations ou tel autre remède que son état a pu nécessiter, il lui reste de l'enflure, de l'engorgement dans les jambes ou quelques autres indications d'une tendance morbide, je crois qu'il serait bon d'essayer l'emploi de l'antimoine comme altératif.

Bien que j'aie déjà parlé du régime à faire suivre et des soins à donner aux jeunes animaux malades pendant qu'on les traite, je crois devoir recommander encore de les préserver du froid et du mauvais temps. L'état de l'atmosphère, celui de la température, l'époque de l'envahissement de la maladie, l'âge de l'animal attaqué, doivent naturellement déterminer les mesures à prendre. Un exercice modéré sera très-avantageux pendant les diverses crises et périodes de la maladie. Cet exercice devra s'augmenter progressivement à mesure que l'état du malade s'améliorera et que ses forces reviendront. La belle saison, un temps doux, faciliteront beaucoup l'entière guérison.

Avant de passer à un autre chapitre des considérations sur l'élève du cheval de course et de chasse, nous pensons qu'il peut être utile de placer ici une lettre adressée à l'éditeur du journal hippique allemand par l'un des éleveurs et amateurs de courses les plus renommés de l'Allemagne du nord. En publiant le mode de traitement indiqué par M. le comte Henckel de Donnersmark, nous n'acceptons pas la responsabilité des idées de l'auteur ; toutefois nous dirons que l'emploi simultané de frictions et d'application de bandages mouillés, qui peuvent par leur évaporation compléter l'action exercée sur la peau et les tissus sous-jacents, établit un véritable dérivatif, qui a pour effet nécessaire de dégager les glandes et les tissus engorgés : cette méthode présente donc des avantages, et nous engageons d'autant plus les éleveurs à l'essayer qu'elle ne nous paraît avoir aucun danger.

---

## GUÉRISON DE LA GOURME.

« Votre très-intéressant recueil nous a dernièrement communiqué les progrès obtenus depuis quelque temps, en Angleterre, dans le traitement de la gourme. Mais comme dans toutes ces méthodes je ne trouve rien qui remédie à la prostration des forces du jeune animal, accident très-grave qui nuit essentiellement à la croissance du poulain, je crois utile de vous communiquer le procédé que j'emploie, et qui m'a toujours réussi depuis que je l'ai adopté.

9.

» Aussitôt que l'abattement et la diminution d'appétit, avant-coureurs de la gourme, se manifestent, je fais frictionner vigoureusement le malade avec un bouchon trempé dans de l'eau à la température de 12°, de la tête à la queue et le long des cuisses jusqu'aux jambes. Je fais répéter immédiatement cette opération, mais en substituant l'eau froide ; après quoi j'emploie autant de bras qu'il est possible pour faire frictionner le corps jusqu'à parfait desséchement. L'animal est ensuite couvert et promené jusqu'à ce qu'il soit bien réchauffé. Le soir, à quatre heures, répétition du même procédé.

» Chaque fois que le cheval rentre à l'écurie, on lui pose, jusqu'au corps, des bandages mouillés, recouverts de bandes de flanelle sèche. Lorsque la toux se déclare, à laquelle succédera bientôt, en suivant le traitement, un écoulement abondant, j'emploie des bains de pieds à 10° jusqu'à la hauteur des genoux ; en ayant soin en même temps de faire envelopper le cou jusqu'à la poitrine avec des compresses mouillées recouvertes de flanelle sèche. Ce traitement donne une grande activité à la peau et favorise la transpiration, ce qui agit sur les poulains de la manière la plus favorable, et je ne doute pas que les propriétaires et éleveurs, amis de ce noble animal, ne reconnaissent dans l'application tous les avantages de ce mode de traitement, et ne lui rendent une entière justice.

» Comte DE HENCKEL DE DONNERSMARK.

» Siemianowitz, avril 1841. »

---

# DE L'ADMINISTRATION DES REMÈDES

## ET PARTICULIÈREMENT DES BOLS.

Il n'y a pas, selon mon opinion, de combinaison plus avantageuse pour faire avaler aux chevaux les différentes médecines qu'on est obligé de leur administrer, que de les leur faire prendre sous la forme de bols. Cependant quelques drogues sans saveur désagréable et sans mauvaise odeur peuvent être données avec l'avoine et le son : mais comme la plupart de ces drogues se distinguent facilement à l'odorat et au goùt, il est douteux qu'elles fussent entièrement prises et consommées par l'animal ; d'autant plus que c'est durant la maladie qu'on a recours aux médicaments, et qu'alors le cheval étant très-probablement sans le moindre appétit, refuse le foin ou toute autre nourriture donnée sans mélange étranger ; il les refusera bien plus encore, si la moindre odeur nauséabonde ou désagréable frappe son odorat ou son goùt.

Les breuvages ont plus d'un inconvénient : si on donne quelque médicament en poudre, une partie du liquide peut se répandre, et alors une plus ou moins grande quantité de la poudre sera perdue. Souvent aussi les poudres ne sont pas complétement dissoutes et restent au fond du vase. D'un autre côté, les médecines de ce genre sont la plupart du temps d'un goùt fort désagréable, et produisent souvent d'autres maladies que celle pour laquelle on les administre. Dans tous les cas, ce mode laisse toujours une trop grande incertitude sur la quantité, et par conséquent sur l'action du remède pris.

La plus grande difficulté qui existe dans le mode des remèdes administrés sous la forme de bols, c'est de les faire prendre au cheval, qui peut avoir la langue plus ou moins délicate et irritable, et répugnera plus ou moins à se sentir cette partie rudement maniée. Il est donc nécessaire de prendre les plus grandes précautions, soit dans la préparation des bols, soit dans l'opération qui a pour but de les faire avaler ; car s'il arrivait qu'un bol contenant de l'aloès ou toute autre substance aussi désagréable se crevât entre les dents de l'animal, il montrerait à la suite de cet accident une aversion qui pourrait devenir insurmontable.

L'un des moyens les plus propres à rendre plus facile l'administration des remèdes, c'est d'habituer de bonne heure les jeunes chevaux à se laisser prendre la langue, les dents et les gencives, à se laisser serrer le nez et mettre la main dans la bouche, comme si on voulait jouer avec eux ou les caresser, mais toujours avec douceur, et en ayant le soin d'accompagner cet exercice d'un peu d'avoine. Avec de semblables moyens répétés souvent, les poulains seront convaincus qu'on n'a aucune intention de leur faire du mal, et se soumettront sans peine et avec patience à ce qu'on exigera d'eux lorsque l'occasion s'en présentera. Il en est de cela comme de leur lever, toucher et frapper les pieds pour leur faire supporter plus facilement l'opération du ferrage.

Trop souvent, au lieu de ces précautions, il est assez ordinaire de voir un domestique ignorant et brutal saisir avec force la langue d'un pauvre animal comme s'il s'agissait de la lui arracher. Le cheval résiste et se débat en raison des souffrances qu'il endure, et alors le bol ne peut être donné et avalé.

Une autre circonstance peut encore augmenter la difficulté d'administrer les bols, c'est le mauvais emploi de la main qui tient le remède. Souvent, dans le but de rendre le bol plus petit, on le tourne en le prenant entre le doigt du milieu et le pouce ; de cette manière les jointures font saillie et la main devient plus forte, et cela au moment où elle va se trouver en contact avec les dents mâchelières du cheval.

Le moyen que j'emploie ordinairement moi-même est celui-ci. Je mets un vieux gant dont les doigts du milieu sont coupés, et je place le bol entre ces deux doigts, la main étant conservée aussi plate que possible, et rendue de même plus étroite en plaçant le pouce contre le premier doigt. Ces précautions prises, je saisis la langue du cheval avec la main gauche et la mène à moitié au dehors de la bouche et de côté. Dans cette position l'animal ne peut pas mordre, car s'il essayait de le faire il se mordrait la langue : alors un aide que j'ai la précaution de prendre et de placer près de moi, aussitôt qu'il voit la langue placée avantageusement, saisit le nez du cheval avec la main gauche, mais non pas de manière à l'empêcher de respirer, et fait entrer son pouce dans la bouche en le faisant porter sur le palais. Les deux premiers doigts de la main droite sont aussi introduits dans la bouche entre les dents de devant et les mâchelières, avec le pouce de la même main sur les mâchoires inférieures. De cette manière, le cheval ouvre la bouche suffisamment pour que le bol soit facilement placé à la naissance de la langue, laquelle est aussitôt relâchée en même temps que la main droite est retirée. La tête du cheval est immédiatement abaissée pour donner la facilité d'avaler.

Quelques grooms ont la mauvaise habitude, au lieu de faire baisser la tête du cheval, de la lui tenir au contraire très-haute, au moment où le bol cause une espèce de chatouillement à la trachée-artère, ce qui occasionne une toux qui peut faire rejeter le bol, et rendre par conséquent l'opération stérile.

D'un autre côté, il y a des chevaux qui sont assez fins et assez rusés pour conserver les bols dans leur gosier fort longtemps sans les avaler; il est bon, dans le soupçon de ce cas, de leur donner un coup sur le front, ce qui les surprend et les force à détourner leur attention de l'objet qui les occupait.

Dans tous les cas, je recommande les moyens doux; car la patience et l'adresse font plus que la violence et la force, dans tout ce qu'on veut obtenir du cheval.

# DE L'ENTRAINEMENT DES POULAINS

## A L'AGE DE DEUX ANS.

La question de savoir s'il est convenable ou non d'entrainer les poulains dès l'âge de 2 ans a été et est encore pendante et débattue devant le public ; chaque opinion a trouvé de chauds et nombreux avocats : mon intention n'est pas de la résoudre ici et de l'envisager sous toutes ses faces. Selon ma manière de voir, cette question doit être tout industrielle; il s'agit de savoir si les prix offerts dans certaines localités, sur certains hippodromes, sont assez forts et assez nombreux pour déterminer les éleveurs à faire courir à leurs jeunes poulains les chances de l'entrainement et de la course. Ainsi lorsqu'à Newmarket, Goodwood, Ascott, Doncaster, Liverpool, etc., etc., la nature, les conditions et la quotité des prix sont tels qu'ils offrent un appât suffisant, je suis d'avis de tenter la fortune au risque de perdre ou de tarer les jeunes animaux. Mais partout ailleurs, dans ce qu'on appelle réunion de province, il ne peut y avoir de motifs suffisants pour affronter les dangers d'un entrainement et de courses prématurés.

On ne peut se dissimuler qu'un cheval de 2 ans ne peut courir plusieurs fois dans l'été avec avantage, en supposant même qu'il soit aussi bon et aussi bien préparé que possible, il ne pourra courir que deux ou trois fois au plus ; je pense même que c'est plus souvent que la prudence ne le conseillerait.

Nous avons, il est vrai, des exemples de quelques chevaux supérieurs qui. après avoir couru à 2 ans. ont continué à courir avec succès jusqu'à un âge avancé (1). Mais on en citerait un beaucoup plus grand

---

(1) L'auteur cite parmi ceux-là *Indépendance, Birmingham, Isaac, Touchstonne* et *Bees-Wings*.

nombre qui, après avoir obtenu à deux ans des succès, n'ont plus rien fait ensuite. La plupart de nos chevaux célèbres n'ont commencé leur carrière de coureurs qu'à 3 et même qu'à 4 ans. La carrière de tous ces chevaux est trop connue pour que je sois obligé de la retracer ici; elle est une nouvelle preuve qu'il n'est point de règle sans exception, et qu'on ne peut pas dire d'une manière absolue que de faire courir les poulains à 2 ans doit détruire incontestablement leurs forces et leurs qualités.

Mais tout en ne me prononçant pas sur ce point, je n'en dirai pas moins que, si j'avais un poulain donnant des espérances d'après sa famille, sa conformation, ses pronostics du jeune âge, pour le *Derby* ou le *Saint-Léger*, je pourrais essayer de l'amener une fois au poteau à l'âge de 2 ans, si toutefois il se trouvait en bon état à l'époque de la course ; mais plus j'espérerais de lui, moins je lui ferais subir une forte préparation : mon but principal en le faisant entraîner et courir à deux ans serait de l'habituer au bruit, au mouvement des courses, à l'hippodrome, au public et aux chevaux, afin qu'il ne fût pas aussi novice lorsqu'il serait amené au poteau à 3 ans pour les grands stakes, pour le jour des grands événements ! Mais alors j'insisterai impérativement sur la manière douce de le gouverner, et surtout je défendrais qu'il fût monté : car c'est cet usage barbare qui cause le plus grand dommage dans le jeune âge. Je ne considère pas l'entraînement précoce comme nuisible lorsqu'il est modéré et pratiqué avec intelligence et douceur, je le regarde au contraire comme étant des plus nécessaires pour développer les facultés du cheval et pour l'amener sur le *turf* à chances égales.

Ceux qui combattent l'entraînement des poulains à l'âge de 2 ans, prétendent que les membres de ces jeunes animaux n'ont pas encore acquis la force suffisante pour subir un semblable traitement et pour être assujettis à un travail aussi pénible. Ces raisons pourraient être fondées si l'entraînement des poulains de 2 ans devait être le même que celui des chevaux faits et même des poulains de 3 ans. Mais il ne s'agit que de chercher à les amener de bonne heure et graduellement sur l'hippodrome, dans la meilleure condition possible sous tous les rapports. L'enseignement qui leur est donné, les exercices auxquels on les soumet, ont donc bien plutôt le caractère de leçons propres à les former que de travaux capables de les ruiner avant l'âge. Ces leçons tendent à accroître la vigueur, à améliorer la constitution de l'animal plutôt qu'à la détruire.

Est-ce qu'un travail modéré nuit aux enfants ? je ne parle pas de ceux confinés dans les fabriques ou manufactures où ils sont enfermés et trop sédentaires, mais bien de ceux qu'on livre au travail pénible et actif des champs. Qui oserait nier les heureux effets de ce travail sur les individus qui s'y trouvent soumis ? qui n'est complétement convaincu du développement progressif des muscles du jeune cultivateur, du forgeron ou du charpentier ?

Comparez un jeune homme de dix-huit ans employé à ces différents genres de travaux, avec le jeune tailleur, le tisserand, etc. ; mettez-les aux prises dans un exercice ou dans une lutte quelconque, et vous verrez bientôt à qui demeurera l'avantage. Dans les hautes classes de la société ne cherchons-nous pas à encourager tous les genres d'exercice les plus énergiques, comme étant des plus favorables au développement des facultés physiques et de la santé ; pourquoi n'en serait-il pas ainsi pour le jeune cheval, lorsque surtout ses qualités principales sont la force et la vigueur ? Il est donc raisonnable et tout naturel de recourir aux moyens qui peuvent développer ces qualités ; mais je le répète, car je veux être compris, il n'entrera jamais dans ma pensée d'exercer un cheval en aucun temps, et plus particulièrement dans le jeune âge, au-dessus de ses forces et de ses moyens, et cela pour deux raisons puissantes. La première, parce que ce serait le moyen de détruire en lui ses qualités et ses facultés natives, et de lui ôter sa valeur au lieu de la lui augmenter ; la seconde, non moins puissante à mon avis, c'est que l'humanité s'oppose à l'emploi de pareils moyens. Si l'homme possède la puissance d'user du cheval, il doit avoir le cœur de ne jamais en abuser.

———

# CHANGEMENT DE PLACE

## POUR LES POULAINS.

---

On a fort souvent remarqué qu'il résultait de grands avantages de changer les jeunes chevaux de place, et principalement quand ils passent des mains d'une personne dans celles d'une autre, quoique le traitement soit le même chez les deux.

Cette amélioration dans l'état des animaux se fait apercevoir souvent en les changeant seulement d'un paddock dans un autre, à plus forte raison si le changement est plus grand, par exemple, comme d'un établissement situé à quelque distance d'un autre établissement ; il présente encore de plus grands résultats, et influe d'une manière plus favorable sur la santé et la croissance des poulains.

Je conseillerai donc de faire effectuer de fréquents changements dans l'habitation des poulains. Ainsi, dans le cas où, comme cela existe assez fréquemment, les écuries d'entraînement se trouveraient éloignées du haras, il serait bien d'y envoyer les poulains pour y passer une partie de l'hiver. Ce changement se ferait d'autant plus facilement, qu'à cette époque de l'année ils n'ont pas besoin d'être si constamment dans les paddocks, et que leur éloignement permettrait à l'herbe de pousser plus vite que si elle était toujours foulée et mangée.

---

# DU DRESSAGE

## DES POULAINS.

Le moment favorable pour dresser les jeunes chevaux dépend entièrement des circonstances et des convenances. Cependant il est assez ordinaire de s'en occuper dès l'automne de la seconde année de leur naissance, c'est-à-dire lorsqu'ils ont à peu près 18 mois. Quand bien même ils ne seraient pas destinés à courir avant l'âge de 3 ans, il est bon de les accoutumer à un petit travail et à des exercices modérés, cela les rend adroits, leur apprend à faire usage de leurs membres, et à connaître petit à petit ce qu'on exigera d'eux plus tard.

Aucun cheval n'est capable de bien courir, s'il n'a eu le temps de passer par tous les degrés de l'entraînement, ou de l'éducation du cheval de course. Cette éducation deviendra des plus faciles, si on a employé les moyens que j'ai indiqués, et surtout en temps convenable, c'est-à-dire si on a traité les poulains doucement et familièrement depuis leur naissance, car alors on pourra du premier coup, et sans réserve, passer de suite à l'emploi des pratiques du dressage, sans craindre de les effaroucher, de les effrayer, ou même de les blesser.

La première chose à faire, c'est d'accoutumer le poulain à être attaché, et en même temps conduit par la longe, ce qui fort souvent n'est pas le degré de l'éducation le moins difficile à franchir. Il faut prendre beaucoup de précautions pour qu'il n'arrive pas d'accidents dans les premiers essais qu'on fait dans ce genre, et avoir soin d'employer une corde de chanvre un peu forte pour longe, et un licou dont la têtière soit fort large, afin que dans les efforts que fera probablement le jeune animal pour se délivrer de la contrainte qu'il éprouve, il ne puisse se blesser. Cette longe devra être passée à travers un anneau placé dans la mangeoire et arrêtée par un morceau de bois ou billot, d'un poids suffisant pour assurer et faciliter le tirage et le jeu de la longe, qui doit être attachée modérément court, de manière à ce que le poulain puisse se débarrasser facilement si ses jambes se prenaient dans cette même longe, mais non de manière à pouvoir se coucher ; car on ne doit pas avoir l'idée de lui en donner les moyens dans les premiers instants de ce mode de contrainte : la seule chose qu'on puisse désirer, c'est d'habituer les poulains le plus promptement possible à supporter la privation de leur liberté et de leurs mouvements sans qu'il leur arrive d'accidents, et, pour cela, il sera bon qu'un surveillant demeure auprès d'eux pour leur porter secours dans le cas où, comme cela arrive presque toujours, ils se donneraient deux ou trois petits étranglements, après quoi ils se calment et prennent leur captivité en patience.

Tous les objets qui sont nécessaires pour attacher, conduire et exercer les poulains, tels que licous, bridons, caveçons, etc., doivent être forts et bien faits. Les trous devront en être larges, afin de donner toute liberté aux ardillons des boucles, toutes les fois qu'il peut être nécessaire d'allonger ou de raccourcir, ou même de défaire en toute hâte en cas d'accident. Pour rendre la chose plus facile, il sera utile d'employer souvent un peu d'huile qui rendra chacune des parties plus souple. Si on négligeait l'emploi de ce moyen bien simple, il en résulterait souvent les plus graves inconvénients, les cuirs deviendraient durs, roides et pourraient blesser les poulains.

Une fois les poulains bien habitués à être attachés et à être conduits à la main, par leur longe, il s'agira de commencer à les dresser avec le caveçon, dont l'appareil ordinaire consiste dans une corde ou longe en chanvre, qui devra être très-longue et flexible, et avoir au bout qui s'attache à l'anneau du caveçon une boucle tenant à un morceau de cuir solide, l'autre bout se terminera par une espèce de poignée devant servir à l'assurer dans la main du dresseur.

Quant au caveçon lui-même, il devra se composer d'une monture ordinaire de bride dont la muserolle sera en fer et divisée en deux parties réunies par une charnière. Cette muserolle devra être soigneusement garnie en cuir doux, afin de ne pas blesser le jeune animal dans les saccades qu'on est souvent forcé de lui donner lorsqu'il n'obéit pas ou se défend. Environ à moitié de la longueur du montant de la bride, il se divisera en deux branches, l'une qui tiendra au caveçon, et l'autre qui supportera un mors de filet un peu gros et rond avec un anneau au centre, auquel on attache ordinairement trois ou quatre grelots pour faire jouer le jeune cheval, l'occuper et lui faire la bouche. De ce mors partiront les rênes qui iront aboutir aux fourches du cavalier de bois qui, dans les débuts du dressage des poulains, devra remplacer la selle. Nous donnons ici la forme de cet ap-

pareil, qu'on nomme aussi cavalier espagnol. A la muserolle devra s'attacher une martingale qui sera supportée par un collier partant du jarret et descendant jusqu'au poitrail, mais sans être ferré en aucune façon, afin de laisser tout le jeu convenable à la martingale (1).

Le cavalier de bois sera placé absolument comme une selle et assuré par ses sangles et un fort surfaix, qui servira en même temps à tenir la martingale. Il aura une croupière, de laquelle partiront de chaque côté deux courroies de cuir, dont l'une viendra tomber jusqu'à environ un pied sur les hanches, et l'autre de trois pieds pour descendre jusqu'aux jarrets ; ces courroies doivent servir

---

(1) On a inventé depuis quelques années un cavalier espagnol mobile dont les fourches suivent les mouvements que leur imprime la tête du cheval. Cette idée ingénieuse appartient à un ancien palefrenier, chef du dépôt des remontes au bois de Boulogne.

à habituer le cheval à se sentir toucher dans toutes ses parties sans s'en effrayer.

On fera bien, avant de commencer les leçons de dressage, d'affubler le poulain de tout cet attirail, et de le laisser ainsi en liberté dans un large box deux ou trois heures pendant quelques jours. Au moyen de cet essai préparatoire on évitera qu'il s'effraie et se défende lorsqu'on le sortira avec le caveçon et la longe.

Lorsqu'on en viendra là, il faudra prendre le plus grand soin de l'arrangement de la bride et surtout du mors, afin que le poulain ne puisse le faire sortir de sa bouche, et cependant de manière à ne pas trop serrer les boucles, car c'est en agissant ainsi que beaucoup de jeunes chevaux ont la bouche mauvaise. Si le mors est trop remonté, l'animal se trouve comme baillonné, ce qui cause un engourdissement dans toutes les parties touchées par le mors et même les voisines, et par suite une insensibilité nuisible à la bonté de la bouche et le contraire de ce qu'on doit chercher à obtenir.

Un assez grand nombre de dresseurs de poulains s'imaginent qu'en causant de la souffrance à ces jeunes animaux, ils arrivent au but proposé : ils sont dans une grande erreur ; car si cela rend la bouche sensible pendant un certain temps, elle n'en devient que plus inerte ensuite. Ce qu'on doit désirer, c'est de produire dans la bouche une humidité constante et une sorte d'écume qui ne pourront manquer d'arriver s'il y a liberté suffisante.

Lorsque les poulains sont bien habitués à supporter les objets dont nous avons parlé dans l'article précédent, il faudra augmenter progressivement leur tâche, et arriver par degré à tout ce qu'on veut exiger d'eux. Ainsi, après leur avoir mis la bride et le caveçon, on les conduira dehors, soit dans un paddock, soit sur un terrain commode et fermé ; mais si on fait usage de la sangle, du cavalier espagnol et de la croupière, il faut avoir soin de ne leur mettre ces derniers objets qu'après les avoir fait sortir des box ou écuries : car ces jeunes animaux sont très-susceptibles de s'effaroucher lorsqu'ils sentent quelque chose sur eux, et ils pourraient se blesser contre les murs ou en passant les portes. Une fois dehors, il n'y a plus de danger.

Lorsque les rênes seront ajustées et attachées un peu lâche, soit à la sangle, soit au cavalier espagnol, on pourra essayer de faire trotter l'animal en cercle en commençant le travail par la main droite.

Le trot est l'allure la plus convenable ; mais il est d'abord assez difficile d'assujettir un poulain à cette allure, car il préfère le galop, et cependant il est très-essentiel de chercher à l'y maintenir : sa répugnance et sa résistance, sa docilité ou son opiniâtreté, dépendront toujours de la manière de le traiter et des moyens qu'on emploiera suivant son caractère.

En tous cas, tous les essais doivent toujours être faits avec précaution, modération, douceur et patience, et dans le but de l'accoutumer à ce qu'on lui demande ainsi qu'à ce qu'on lui demandera plus tard.

Le dresseur doit toujours être accompagné d'un aide armé d'un long fouet, dont celui-ci ne doit se servir qu'avec les plus grandes précautions ; car, dans les débuts surtout, tout ce qui serait de nature à effaroucher les jeunes animaux doit être soigneusement évité. Les premières impressions s'effacent difficilement, et une fois la confiance perdue, il est presque impossible de la regagner, quelque chose que l'on fasse. Il faut donc s'attacher à tout faire pour que la mémoire du poulain ne lui retrace rien de désagréable, et surtout aucun accident qu'il puisse attribuer à l'homme chargé de le dresser.

Après avoir fait marcher et trotter le poulain à la longe pendant quelque temps, le dresseur devra l'arrêter, mais tout doucement et sans à-coup, en l'attirant vers lui progressivement et d'une manière presque imperceptible. Une fois arrivé à portée, il faut le flatter, le tapoter, le caresser, l'encourager, puis le faire repartir sur l'autre main, afin de l'habituer à marcher à droite et à gauche alternativement et également.

Les premières leçons doivent être très-courtes ; car les exercices à la longe et au caveçon sont très-fatigants s'ils sont un peu longs, et pourraient avoir des suites fâcheuses pour les membres délicats ou faibles et même pour ceux mieux établis, si on les prolongeait au delà du terme ordinaire, et surtout si le terrain choisi pour cet exercice n'était pas doux, sans être profond et boueux. Il faut prendre bien garde qu'il ne soit pas glissant.

Quand les poulains ont été rompus à ce genre de dressage, ce qui peut très-bien être au bout d'une semaine de patience et de bonnes leçons, c'est alors qu'on se servira du cavalier espagnol qui, de tous les cavaliers, est à coup sûr celui qui est le plus patient et possède la meilleure main et l'assiette la plus parfaite. Un poulain qui n'a aucune expérience de cette machine doit être fort étonné lorsqu'il la sent sur son dos. Il faudra la lui mettre deux ou trois fois dans l'écurie d'abord, et le laisser ainsi quelque temps pour l'habituer à la porter ; mais quand on voudra le faire trotter à la longe, il vaudra mieux lui attacher la machine sur le lieu même de l'exercice, autrement il pourrait se blesser en se raccrochant dans les portes.

Quand le poulain sera tout à fait habitué au cavalier espagnol, il faudra prendre des bandelettes ou quelques pièces de vêtements qu'on placera sur chacune des fourches de la machine ; l'air et le mouvement les feront voltiger, ce qui accoutumera le jeune animal à voir de tels objets sans s'en effrayer, et à ne prendre aucun ombrage quand le cavalier véritable remplacera celui dont nous venons de parler.

On peut aussi jeter, de temps en temps, quelques vieux vêtements sur les reins des poulains lorsqu'ils ne sont plus en exercice, et même les attacher à la croupière, cela les habituera à se sentir frapper sur les côtes, sur les cuisses, et ils ne s'étonneront plus lorsque le vêtement ordinaire de ceux qui les monteront viendra les frapper aux mêmes parties.

Le cavalier espagnol ne cessera d'être employé que lorsque le jockey en chair et en os viendra le remplacer. Nous croyons faire précéder ce que nous avons à dire sur ce moment, de quelques réflexions sur les jockeys en général ; classe très-nombreuse, mais dans laquelle il se trouve très-peu d'hommes tout à fait propres à l'emploi qu'on en fait. Tellement qu'il vaudrait souvent beaucoup mieux placer un poulain entre les mains d'un simple garçon d'écurie, docile, intelligent et robuste, que dans celles de ces prétendus savants dont la plupart ne sont, à bien dire, que des ignorants suffisants et entêtés.

Les qualités essentielles qu'on doit exiger dans un dresseur de poulains sont trop rarement réunies dans un seul individu ; car il doit.

être d'un poids léger, et en même temps fort, robuste, actif et courageux sans témérité. Il est aussi nécessaire que son caractère soit aimable, doux et patient, et qu'à ces qualités il réunisse celles d'un bon cavalier à la main légère.

Avant de monter le poulain, il faudra le mener à la longe avec une selle sur le dos, sur laquelle on placera d'abord le cavalier espagnol, afin de l'accoutumer à ce double fardeau en attendant qu'il en porte un plus lourd.

Les premiers essais qu'on fait pour monter un jeune cheval sont rarement sans dangers pour l'homme et pour l'animal, aussi faudra-t-il prendre les plus grandes précautions.

Le premier jour, on fera monter dans l'écurie ; un homme tiendra la tête du poulain pendant que le jockey fera porter un poids quelconque alternativement sur chaque étrier, ne le laissant que peu d'instants dans cette position, mais recommençant plusieurs fois cette manœuvre qui devra être faite avec la plus grande douceur, en même temps que les personnes présentes caresseront le jeune animal et lui parleront doucement. Quand il sera bien habitué à sentir ce poids, le jockey pourra placer son pied sur l'étrier, mais en laissant l'autre à terre et sans peser trop fort sur le poulain. Il restera quelques instants dans cette position, et après avoir fait quelques essais, si l'animal paraît tranquille, il pourra s'élever et passer doucement la jambe droite par-dessus la selle, et prendra sa position.

Ces différentes opérations devront toujours être pratiquées tranquillement et avec ménagement, suivant le plus ou le moins d'obstacles apportés à leur réussite par l'animal. Du reste, le succès dépendra toujours de la patience avec laquelle chaque chose sera essayée et accomplie, et comment on aura pris son temps.

Il est, avant tout, essentiel d'éviter tout ce qui peut causer la plus petite alarme et le moindre effroi aux jeunes animaux. Le cavalier devra encore descendre et monter deux ou trois fois, lorsque le poulain aura été conduit dans un paddock ou autre lieu convenable. et toujours avec le caveçon et tout l'attirail dont j'ai déjà parlé, et là on recommencera les mêmes manœuvres que dans l'écurie.

Lorsque le cavalier sera placé sur la selle, l'aide devra chercher à faire marcher le poulain ; s'il témoigne quelque frayeur, s'il résiste et ne veut pas marcher, laissez-le en repos ; et bientôt, se rassurant et demeurant convaincu qu'on ne veut lui faire aucun mal, il cédera peu à peu à ce qu'on exige de lui.

Le cavalier doit se mettre en garde contre l'action de ruer et de se dresser, qui sont les deux moyens qu'emploient souvent les jeunes chevaux pour se débarrasser de leur cavalier. Il faut se tenir ferme et laisser alors l'entière conduite et direction du poulain à l'aide qui tient la plate-longe.

En cette occasion, je voudrais trouver des mots propres à exprimer la nécessité d'accomplir chaque partie de cette leçon avec patience, précaution, circonspection et douceur. Chacun doit trouver un intérêt quelconque à bien traiter les animaux : les uns, pour ne pas diminuer leur valeur par suite des accidents qui proviennent trop souvent de la brutalité et de la maladresse des hommes à gages ; les autres, pour ne pas les faire souffrir. Malheureusement, il se rencontre un trop grand nombre de grooms, de dresseurs et d'entraîneurs que l'intérêt ne peut arrêter, et qui saisissent avec empressement toutes les occasions de développer une des plus fâcheuses inclinations qui existent dans le cœur de l'homme.

Lorsque les premières leçons auront été données dans l'écurie et dans les paddocks, le poulain sera conduit dehors, dans les prairies ou sur des terrains qui ne présenteront rien qui puisse l'effrayer ; le jockey sur la selle, et l'aide continuant à conduire l'animal avec la longe.

Chaque leçon doit être donnée progressivement. Jusqu'ici, la tâche du poulain doit se borner à porter le jockey. Quand il sera familiarisé avec ce fardeau, on pourra lui demander autre chose ; essayer de lui faire sentir l'usage et les effets du mors, en s'aidant toujours de la plate-longe pour lui faire comprendre ce qu'on veut obtenir des différents mouvements de la main du cavalier, soit pour porter la tête à droite et à gauche, et arriver, petit à petit, à tourner suivant la volonté du cavalier ; car il faut bien se garder de trop exiger avant que le poulain ait acquis une bonne bouche. Quand on en est arrivé là, et qu'on le juge tout à fait rompu à ce qu'on lui a fait connaître, il est temps alors de le faire trotter ayant le jockey sur le dos ; mais pour commencer, il sera bon de ne pas quitter le cercle sur lequel on l'a déjà exercé au pas et au trot, sans cavalier et à la longe, et de ne pas cesser de se servir de l'aide et de cette même longe ; mais le cavalier devra le presser d'avancer en lui appuyant les aides contre les côtes, et en même temps le retenir, quand il sera nécessaire, avec la bride.

Une fois qu'on sera bien certain qu'il se soumet à tout cela, on pourra se dispenser de l'assistance de l'aide et de sa longe ; mais il n'en faudra pas moins qu'il la tienne dans sa main gauche, pour être en mesure, dans le cas où le poulain se révolterait et jetterait son cavalier par terre. Cette sage précaution devra ne cesser d'être prise que lorsque le jeune animal sera bien habitué à rencontrer et à dépasser toute sorte de voiture, et à ne s'effrayer d'aucun autre objet qui se trouverait sur son chemin. Il peut être utile de continuer ce manége pendant plusieurs mois, afin qu'en cas de chute le cavalier ne puisse laisser échapper sa monture.

Plusieurs personnes sont très-pressées d'apprendre leurs poulains à galoper à l'allure du petit galop. C'est un tort ; il vaut beaucoup mieux les mettre parfaitement en main, et calmes, au pas et au trot ; alors seulement il sera temps de prendre une allure différente et de la presser. Quand on en arrivera à ce degré du dressage, il sera bon d'avoir un autre cheval, et de permettre au poulain de le dépasser par occasion, non en augmentant sa vitesse, mais en faisant ralentir celle du vieux cheval.

Ces petits riens sont dédaignés et regardés comme des minuties par la plupart des dresseurs de poulains, et cependant ils sont d'une plus grande importance qu'on ne le pense.

Il est assez ordinaire que dans un établissement créé sur une grande échelle, il y ait un homme dont les attributions soient de dresser les jeunes chevaux ; je répète que je préfère, pour cet emploi, un simple garçon d'écurie guidé par moi et n'agissant que d'après mes ordres et mes instructions.

L'usage de la plate-longe ne doit pas être abandonné quand le poulain commence à se laisser monter ; il sera même bon de s'en servir chaque jour pendant un ou deux mois.

Je crois devoir faire observer ici que le système de dressage que je viens d'indiquer peut s'appliquer aussi bien au cheval de chasse ou de promenade qu'au cheval de course. Je dirai, en outre, que si on trouve un aussi grand nombre de chevaux peu agréables à monter, cela vient de ce qu'on ne s'est pas donné la peine de les dresser, ou qu'on n'a pas mis le temps suffisant à leur éducation.

Il sera bon d'instruire et d'habituer les jeunes chevaux à franchir quelques petites barrières ; cela leur apprendra à faire usage de leurs membres avec liberté et aisance. Je considère cet exercice comme leur étant aussi essentiel que le maître de danse aux jeunes personnes. On les conduira d'abord vers les haies ou fossés qu'on voudra leur faire sauter, avec la longe ; on les leur fera voir, puis on les engagera à les franchir, d'abord de pied ferme, puis en marchant au pas, au trot et au petit galop. Mais on aura soin de ne choisir que des obstacles n'offrant aucun danger et ne pouvant occasionner le moindre accident.

Afin d'accoutumer les jeunes chevaux à regarder à leurs pieds, on les amènera, par degré, à franchir des fossés, ou tranchées, ou haies, dans des endroits obscurs.

Toutes ces leçons seront données, ainsi que je l'ai dit, d'abord à la longe, sans que le cheval soit monté, ensuite à la longe avec le cavalier sur le dos, et enfin avec la bride seule sans longe.

Il sera bon de faire commencer ces exercices par des obstacles très-faciles, des barrières et haies très-basses, et d'augmenter progressivement la difficulté, toutefois sans arriver à la rendre insurmontable ou dangereuse ; car rien n'est plus maladroit que de dégoûter le cheval, soit en le ramenant plusieurs fois sur le même obstacle sans pouvoir le lui faire passer, soit en lui faisant éprouver quelques suites fâcheuses en le franchissant.

Il est aussi essentiel de ne jamais faire franchir plus de deux ou trois fois la même clôture ou le même fossé ; il vaut beaucoup mieux lui en montrer d'autres et les choisir tout différents ; surtout rappelez-vous que, dans la leçon très-importante du saut, la chose principale est d'inspirer de la confiance au poulain.

Quelques-uns de mes lecteurs me diront peut-être : « Comment

» voulez-vous instruire un cheval de course à sauter? Ne craignez-
» vous pas de l'estropier ou de le mettre hors d'état de courir? »

Je répondrai que j'aurais le cheval donnant les plus belles espérances pour le Derby ou tout autre grand prix, qu'après l'avoir dressé
ainsi que je l'ai indiqué, je l'instruirais à sauter, attendu qu'en choisissant les obstacles et en prenant les précautions nécessaires il ne
peut y avoir le moindre danger, et qu'on y trouve l'avantage, si le
cheval ne remplit pas votre attente dans ses courses, d'en faire plus
tard un cheval de chasse qui, étant habitué dans le jeune âge à
sauter, passe partout avec beaucoup plus de facilité que les chevaux
qu'on dresse à cet usage dans un âge déjà avancé.

Plusieurs personnes sont prévenues d'une manière ridicule contre
les chevaux de pur sang dont on fait des chevaux de chasse, et sont
persuadées qu'ils ne peuvent jamais devenir de bons sauteurs. Une
semblable opinion ne peut être soutenue sérieusement; mais il est
vrai de dire que, par suite de la manière de dresser, de préparer le
cheval de course, on l'éloigne tous les jours de ce qu'il faudrait qu'il
apprît pour faire un véritable *hunter*. Il semblerait qu'on craindrait
de lui voir faire la moindre enjambée pour passer un fossé de deux
pieds, une raie de champ, une ornière, et que ce soit pour lui un
crime de sauter ; il doit courir, et rien de plus. Sa carrière est celle
du cheval de course, ce n'est donc qu'avec une extrême difficulté et
très-rarement qu'on l'admet aux écuries de chasse et qu'on l'instruit
à sauter, ce qui éprouve de grandes difficultés en raison de son éduca-
cation première.

Ainsi donc, toute la génération est condamnée à n'être que de mauvais sauteurs ; à qui la faute, si ce n'est à la manière dont elle est
élevée et dressée?

Quand le poulain aura été monté pendant quelque temps, et que sa
bouche est suffisamment faite, il sera bon de le conduire dans les
lieux où il pourra s'habituer à des scènes auxquelles il faut qu'il se
familiarise. Par exemple, s'il y a quelques courses dans le voisinage, on ferait bien de lui faire parcourir les environs de l'hippodrome
pendant les premiers jours qui précéderont les luttes et au moment
où les chevaux s'exercent, et de même le jour de la course. De cette

manière, le poulain sera bien convaincu que le bruit qu'il entend et que le spectacle qui s'offre à sa vue ne sont pas de nature à lui causer le moindre mal.

Je suis aussi très-porté à faire accompagner les jeunes chevaux par des chiens ; non dans l'intention de les faire chasser, mais pour les habituer à toute espèce de choses.

# OPÉRATION

# DE COUPER LA QUEUE.

---

Cette opération est beaucoup moins fréquente aujourd'hui qu'autrefois, et n'est plus du tout en usage pour les chevaux de course. On la faisait ordinairement après le dressage des jeunes chevaux ; mais si elle doit être pratiquée, il est beaucoup mieux de la faire quand le poulain n'est âgé que d'environ deux mois. car on évite alors la douloureuse torture de la cautérisation.

On serait presque tenté de croire que nos ancêtres n'étaient heureux que lorsqu'ils inventaient quelques supplices pour les pauvres chevaux : tantôt c'était la queue, tantôt les oreilles qu'on leur martyrisait ; heureusement, pour le *genus equi*, que ces pratiques barbares sont passées de mode.

Si on désire que la queue soit raccourcie à l'âge que j'ai indiqué plus haut, il est nécessaire de relever les crins de la queue, en les rejetant du côté de sa naissance, et en les assurant avec une corde de manière à laisser à découvert la partie sur laquelle l'amputation doit être faite. La corde devra être fortement serrée, afin d'éviter que le sang ne coule avec trop d'abondance. Un couteau bien aiguisé sera l'instrument employé à enlever la partie superflue ; et pour cela. on placera tout bonnement la queue sur le bord de la mangeoire ou de toute autre chose offrant commodité et résistance.

Cette opération, fort simple, ne nécessite aucun traitement. sinon de garder le poulain à l'intérieur pendant les vingt-quatre heures qui la suivront.

Si le sang sortait plus abondamment qu'on ne le voudrait. il faudrait serrer la corde plus fortement, et appliquer sur la partie saignante, de la fleur de farine ou de cette espèce de champignon spongieux connu sous le nom vulgaire de *vesse-de-loup*. Ces moyens seront tout à fait inutiles si la corde est convenablement placée. On l'enlèvera au bout de vingt-quatre heures.

# PRÉPARATION

# A L'ENTRAINEMENT.

—

Toutes les prescriptions que je viens d'indiquer pour le dressage des poulains ayant été suivies dans l'ordre établi, il s'agira de préparer les jeunes animaux à passer par tous les degrés de l'entrainement; et comme dans plusieurs circonstances il est nécessaire de commencer cet entrainement chez soi, il peut être utile d'entrer dans quelques détails relatifs aux préliminaires de cette préparation.

Qu'il y ait un terrain propre à faire travailler sérieusement les jeunes chevaux, joint à l'établissement dans lequel ces animaux sont nés et ont été élevés ou non; que cet établissement possède un homme spécial, capable de leur donner une instruction régulière ou qu'il n'en ait pas; il n'en faut pas moins que le traitement et les procédés à suivre soient les mêmes. Dans tous les cas et dans toutes les positions, la différence ne peut exister que dans la manière de les appliquer.

Après le travail du poulain pendant le dressage, il faudra lui donner un peu de temps pour se remettre de ses fatigues. Ses jambes demanderont du repos, et il sera bon de lui faire prendre deux doses de médecine pendant ce temps de repos.

Durant cet intervalle, le seul exercice nécessaire aux jeunes chevaux sera de les faire marcher au pas pendant une heure le matin et autant l'après-midi; mais pour ne pas leur faire perdre le fruit des leçons qu'on leur a données précédemment, il sera utile de leur mettre la selle sur le dos pendant ces promenades, pour lesquelles on aura le soin de choisir un beau temps autant que possible.

Plusieurs personnes ont l'habitude de mettre des bottes aux jambes de devant de leurs poulains tant qu'ils sont en dressage, cela me paraît fort sage; car par maladresse ou pour toute autre cause, ces jeunes animaux peuvent se donner des atteintes ou se couper, ce qui occasionnerait des blessures plus ou moins graves qui feraient perdre du temps, puisqu'on serait obligé d'interrompre le travail.

C'est ici l'occasion de recommander aux personnes chargées du dressage et de l'entrainement des poulains, lorsqu'un accident de cette nature arrive, de cesser sur-le-champ tout travail jusqu'à l'entière guérison, quand bien même le jeune cheval ne boiterait pas et qu'il n'y aurait qu'un léger engorgement ou une enflure peu considérable.

Une semaine ou deux, suivant le besoin, d'un repos complet, avec des fomentations chaudes faites avec assiduité, remettront les choses dans l'état normal, surtout si on ajoute à ce traitement le salutaire effet d'une purgation.

Aussitôt que la première inflammation aura été diminuée par les fomentations d'eau chaude ou par des cataplasmes émollients, il sera bon d'appliquer des lotions froides pour rendre au membre malade sa vigueur première; mais ce dernier moyen ne peut avoir de bons résultats, s'il n'est employé convenablement et avec intelligence. Il peut même être nuisible, si toutes les précautions ne sont pas prises pour son application. Par exemple, il est de toute nécessité de mettre deux heures d'intervalle seulement dans l'emploi des lotions, autrement la chaleur du membre les rendrait chaudes, et le remède ne serait suivi d'aucun effet favorable.

On emploie généralement des linges et bandes dans les cas que je viens de citer, et c'est certainement ce qu'il y a de mieux; mais il faut aussi un très-grand soin et une adresse délicate pour les placer, et jamais on ne devra les laisser sécher; car dans cet état, ils échaufferaient la jambe et produiraient plutôt inflammation, irritation que soulagement. Ces bandes doivent être d'une étoffe très-fine.

Lorsqu'on fera prendre la médecine au poulain, il sera bon de le couvrir un peu, surtout si le temps est froid ou humide, et s'il a été dirigé de la manière que je l'ai indiqué dans mes prescriptions graduelles du dressage, les vêtements dont on le couvrira ne lui causeront aucun effroi.

Une semaine après la dernière dose de médecine, on pourra lui faire commencer de petits galops à la suite de quelques autres chevaux déjà en *traîne*.

D'abord, pendant les deux premiers mois, ces galops seront lents, et la distance parcourue très-courte. Il vaut beaucoup mieux donner deux ou trois petits galops par jour, qu'un seul durant le temps de ces deux ou trois ensemble ; car le poulain, qui doit être considéré et traité comme un véritable écolier, se fatiguerait d'une longue leçon, tandis qu'une plus courte répétée ne sera qu'un jeu pour lui et lui fera acquérir plus d'expérience. Laisser de longs intervalles entre les exercices, c'est faire perdre le fruit du travail précédent. Ainsi donc, courtes et fréquentes leçons. On habituera les poulains à tourner, à s'arrêter tranquillement et doucement pendant les galops, cela est d'une haute importance pour l'avenir.

Malheureusement, la plupart des jeunes garçons qu'on emploie dans les exercices de l'entraînement des chevaux de course, au lieu de chercher à modérer l'ardeur naturelle de ces jeunes animaux, ont au contraire une grande disposition à les encourager à cabrioler, à danser, à sauter en s'arrêtant. C'est une habitude des plus mauvaises qu'il faut s'attacher à réprimer, car elle peut rendre les chevaux vicieux et brouillons quand on les amène au poteau, et causer, par ce moyen, une grande confusion parmi les autres chevaux, en faisant même manquer les départs.

Suivant le caractère, la condition et l'action du poulain, on pourra lui permettre d'augmenter la vitesse de ses galops et d'allonger la distance à parcourir ; mais tout travail qui serait de nature à le fatiguer sera évité avec le plus grand soin, ainsi que les *suées* et autres prescriptions qui ne doivent prendre place que plus tard. A cette occasion, je crois devoir dire que je suis convaincu qu'il n'est point du tout nécessaire qu'un poulain de 2 ans soit soumis à de longues et fortes *suées* comme beaucoup d'entraîneurs le font ; mais.

dans tous les cas, je les regarde comme nuisibles lorsqu'il ne s'agit que d'une préparation à l'entraînement telle que celle dont il s'agit en ce moment.

Ce qui est beaucoup plus nécessaire, c'est de choisir, pour le mettre sur le poulain, un jeune garçon qui, par sa force, son expérience et son adresse, soit capable de le bien conduire. Je préférerais, dans ce cas, en prendre un trop pesant qu'un plus léger, mais plus faible, qui ne pourrait ni guider ni soumettre le poulain à cette obéissance sans laquelle on ne peut espérer aucun succès dans l'avenir.

L'un des plus grands défauts fort communs chez les jeunes garçons employés dans les écuries d'entraînement, c'est d'avoir de la faiblesse dans les mains et les poignets, ce qui les force à laisser pendre la tête de leurs chevaux qu'ils ne peuvent soutenir, position qui ne tarde pas à rendre insensible la bouche de ces jeunes animaux autant que celle des chevaux de poste; ce qui n'arriverait pas si ces enfants avaient la force suffisante pour soutenir la tête de leur monture en suivant seulement ses mouvements, et en laissant jouer le jeune animal avec son mors. Pour lui donner plus de facilité de le faire, une gourmette est nécessaire à quelques poulains; mais si on en met une, il ne faudrait confier l'animal qu'en des mains expérimentées; et comme personne n'aura l'idée de mettre un jockey ou groom, déjà âgé, sur le dos d'un poulain à cette période de l'entraînement, il est inutile de s'occuper de cela en ce moment. Fixer la durée de ces préliminaires serait difficile, car cela dépend absolument des circonstances. Je ferai seulement observer que j'ai indiqué le moment où le dressage des poulains doit commencer vers le mois d'août de leur seconde année, et que, par conséquent, on peut supposer que la préparation à l'entraînement aura lieu vers les premiers jours de novembre pour être continuée jusqu'aux gelées, qui ne permettent pas de continuer. Alors on donnera une dose ou deux de médecine douce, et on se bornera, quant à l'exercice, à celui qui peut se faire sur la paille étendue dans les paddocks ou cours.

On trouvera peut-être que je suis un grand partisan des purgations.

Je dois dire ici que si j'indique souvent des médecines, je les prescris très-douces, et j'en ai reconnu de si bons effets, que je ne saurais trop en recommander le fréquent usage.

Après les fêtes de Noël, si on destine le poulain à courir à l'âge de 2 ans, il devra être confié aux soins de l'entraîneur ; sinon, on continuera ce que je viens d'indiquer pendant le printemps et l'été, en augmentant modérément et progressivement son travail d'après la constitution de l'animal et l'état du terrain.

Toutefois, pendant cette troisième année, on pourra s'occuper des premières instructions relatives à l'entraînement, et du traitement auquel les jeunes chevaux sont soumis pendant cette préparation. Pour cela, on agira suivant les circonstances ; car, dans ce cas, c'est le discernement, l'expérience, qui doivent être les guides et servir à déterminer les moments favorables pour la mise à exécution de certaines règles à suivre. Rien ne peut suppléer à l'habitude et au coup d'œil de l'entraîneur intelligent, lui seul peut modifier ces règles suivant les circonstances ; lui seul peut graduer les exercices d'après l'état du sujet, la nature du terrain ; lui seul enfin peut fixer la quantité et la qualité de la nourriture suivant la constitution et la condition du cheval. Les livres peuvent donner des instructions excellentes, mais ils ne suppléeront jamais à l'expérience dans l'application des méthodes indiquées.

Pendant que le jeune cheval sera soumis à cette espèce d'entraînement plus ou moins complet, il sera bon, dans les instants d'intervalle qu'on met ordinairement entre le travail et les exercices suivis, en donnant quelques semaines de repos, il sera bon, dis-je, de mêler au foin un peu de luzerne ou de trèfle en vert. Ces plantes, données seules, seraient trop relâchantes ; mais réunies au foin, elles ne peuvent que faire du bien. Cependant, si on jugeait par l'état de l'animal qu'il a besoin de relâchants, on pourra lui donner le vert complétement jusqu'au moment où on le jugera suffisamment rafraîchi.

Je crois devoir recommander, dans le cas où on userait du mélange de vert et de sec, de le faire avec le plus grand soin, de manière à ce que le poulain ne puisse faire un choix en prenant l'un et en laissant l'autre, et surtout de ne pas donner le foin à de certaines heures de la journée, et la luzerne ou le trèfle à d'autres, car cela donnerait des coliques.

Je me suis déjà occupé de la nourriture des jeunes chevaux, mais plus spécialement de sa qualité, d'après le sol qui la produit, et de ses effets sur les qualités ou imperfections qui résultent de sa nature. Je vais dire quelques mots sur le même sujet, considéré sous un autre point de vue.

Quand un cheval est réellement en entraînement, on le nourrit d'habitude avec du foin et de l'avoine, en y ajoutant des féverolles pour celui qui est déjà d'un certain âge ou qui n'est pas d'une forte constitution. Je ne crois pas qu'il soit absolument nécessaire d'ajouter ce supplément, que je regarde plutôt comme un auxiliaire ne pouvant guère compter sous le double rapport de la quantité et de la qualité, et ne présentant, selon mon opinion, d'autre avantage qu'une variété d'aliment. Cet avantage mérite, il est vrai, d'être apprécié, car il est évident que tous les animaux se trouvent très-bien des changements de nourriture, mais en ayant le soin de choisir toujours les premières qualités des denrées qui leur sont destinées ; économiser quelques francs sur le prix d'un mille de foin ou d'un quintal d'avoine serait la plus fausse, la plus mauvaise de toutes les économies. Aucun cheval de course ou de chasse ne peut consommer plus de trois mille pesant de foin dans le cours d'une année, et la différence qui peut exister entre le prix de la première qualité et celui de la seconde ne mérite pas qu'on s'expose à tout le mal qui peut résulter d'employer des qualités inférieures.

Qu'on ne vienne pas nous dire que la petite quantité de foin consommée par les chevaux de course ou de chasse ne peut influer sur leur santé ou sur leurs qualités, car ce serait une grave erreur. Je pourrais citer, à l'appui de cette assertion, des résultats de nature à empêcher tous ceux qui seraient tentés de faire de semblables économies, de les essayer.

Je connais des entraîneurs et des piqueurs qui repoussent le foin de trèfle ; je ne partage pas leur prévention contre ce genre de nourriture, et pense que s'il est bon et bien récolté, il est des moments où on peut le donner aux chevaux sans inconvénient et même avec avantage. Ses propriétés sont plus nutritives que celle du vieux foin de prairies naturelles. Ce dernier est préférable pour les chevaux délicats et en bonne condition de course ou de chasse, ou pendant leur entraînement ; mais dans d'autres circonstances, et notamment dans celles qui nous occupent, on peut très-bien employer les foins de prairies artificielles. Parmi ceux que ces prairies fournissent, le sainfoin peut être considéré comme le meilleur ; il sera donc employé avantageusement lorsqu'on pourra s'en procurer, ce qui n'est pas toujours facile, toutes les terres n'étant pas propres à la culture de cette plante fourragère. En tout cas, le foin qu'on récolte sur des prairies fertiles et grasses, situées sur les bords des rivières ou dans des vallons humides, quoique très-bon pour les bestiaux ou les chevaux de trait, ne doit pas être choisi pour les chevaux de course et de chasse. C'est sur les prairies situées sur les coteaux, sur les montagnes, sur des terrains secs qu'on doit prendre le foin destiné à ces nobles animaux. Le choix de l'avoine est peut-être moins important que celui du foin ; cependant il faut avoir le soin de la prendre grosse, ronde, pesante, et n'ayant aucune mauvaise odeur ; car souvent, si elle vient d'un peu loin, ou si elle n'a pas été remuée souvent, elle s'échauffe et prend une odeur désagréable qui déplaît aux chevaux et les engage souvent à refuser de la manger, ou les rend malades s'ils la mangent. Il est donc très-essentiel d'être très-difficile sur le choix de cette sorte de grain, si l'on veut qu'il soit salutaire aux chevaux.

# LE FERRAGE.

Je crois devoir rappeler ici que l'opération de ferrer les poulains doit avoir lieu avant de commencer leur dressage, et principalement avant qu'on les monte. Si on a suivi exactement mes prescriptions en ce qui concerne les soins à donner à ces jeunes animaux dès les premiers mois de leur naissance, et aux habitudes à leur faire prendre pour qu'ils se laissent toucher, lever et parer les pieds suivant le besoin, on n'éprouvera aucune difficulté à leur appliquer les fers lorsque cela sera jugé nécessaire. Néanmoins, quand il sera question d'en venir là, il faudra prendre les plus grandes précautions pour ne point effaroucher le poulain, et agir avec douceur, patience et adresse, afin de ne pas le blesser dans le cas où il résisterait et chercherait à se défendre. Si les préliminaires que j'ai indiqués n'ont pas été suivis, ce sera une raison de plus pour redoubler les précautions et pour rendre le jeune animal aussi traitable que possible avant que le maréchal se présente devant lui et commence son ministère.

L'art de ferrer les chevaux a bien son importance et ses degrés, et il faudrait un volume pour le décrire dans toutes ses parties. De nombreux ouvrages ont été publiés sur ce sujet, je n'entrerai donc pas dans de plus grands détails, et me bornerai à quelques avis qui pourront être utiles aux personnes qui élèvent des chevaux pour les courses et la chasse.

1° On doit mettre des fers très-légers aux poulains qu'on chausse pour la première fois.

2° Les fers doivent être faits et ajustés de manière à être placés facilement sur les pieds.

3° Un fer trop court ne vaut rien, surtout celui de devant ; mais un trop long est pire encore, par la raison qu'en mettant le jeune cheval à la plate-longe ou en le soumettant à toute autre opération du dressage, ce fer qui déborde peut être brisé par celui de derrière ou blesser l'animal.

Je terminerai cette partie de mon travail sur l'élève du cheval de course et de chasse, en disant aux personnes qui n'aspirent pas aux honneurs de l'hippodrome, que quel que soit l'usage auquel on destine un cheval de selle, il ne peut qu'être utile de suivre de point en point tout ce que j'ai cru devoir prescrire pour son élevage, son dressage avant l'entraînement, avec les modifications que les circonstances et la situation peuvent apporter dans l'application de mes instructions. Ces modifications seront le sujet du chapitre suivant.

# APPLICATION

## DES PRESCRIPTIONS QUI PRÉCÈDENT A L'ÉLÈVE
## DU CHEVAL DE SERVICE.

Dans les chapitres précédents, je me suis plutôt adressé aux éleveurs, aux propriétaires de la classe riche et élevée, qu'aux simples fermiers ou cultivateurs; je dois donc m'occuper maintenant de ces derniers, en cherchant à mettre mes conseils à la portée de ceux dont la position ne permettrait pas l'emploi complet de tous les moyens que j'ai cru devoir indiquer.

Indépendamment du cheval de pur sang destiné aux courses et à la chasse, il est d'autres chevaux appartenant à l'espèce propre à la selle et plus ou moins près du sang, sur lesquels l'attention de l'éleveur, du propriétaire agriculteur, du simple fermier, doit se porter; car il peut y avoir avantage pour lui à les produire, à les élever et à les dresser, sans cependant être obligé à de grandes dépenses et à de grandes pertes de temps.

Les conseils suivants seront donnés dans le but d'éviter les unes et les autres, autant qu'il sera possible, sans de trop grands inconvénients.

Quelle que soit la modicité de la fortune d'un cultivateur, ou le peu d'importance de son exploitation rurale; quelles que soient aussi l'étendue et la commodité de ses bâtiments d'exploitation, il est rare qu'il ne puisse disposer de quelques portions plus ou moins grandes de ces bâtiments pour les destiner à loger quelques poulinières et leurs produits, soit pendant l'allaitement, soit après le sevrage.

S'il en était autrement, si la ferme n'offrait pas ces petites commodités, rien ne serait plus facile que d'y suppléer en construisant de simples cabanes en bois ou en planches, avec des couvertures en chaume, dans des enclos voisins, ce qui serait même beaucoup plus avantageux, sous plus d'un rapport, que de loger les animaux dans l'intérieur des bâtiments renfermant les chevaux de travail et les bestiaux, ainsi que tout le personnel et le matériel de l'exploitation, puisqu'au moindre mauvais temps, ainsi que pour la nuit, les poulinières et les poulains pourraient rentrer dans les cabanes sans qu'on soit obligé de s'occuper d'eux et de faire perdre un temps souvent précieux à des domestiques pour les ramener à la ferme.

Je conseillerai aux fermiers, quelles que soient l'étendue et la valeur de leurs fermes, de ne jamais entretenir plus de deux ou trois poulinières de choix : un plus grand nombre serait un embarras, occasionnerait des dépenses et exigerait des soins capables de nuire à l'affaire la plus essentielle, l'exploitation agricole.

Ces poulinières devront être propres à produire de bons chevaux de chasse ou de selle; car peu de personnes se borneraient à élever des chevaux de charrette dont le prix n'est pas assez élevé pour donner un bénéfice suffisant ; il se trouve bien assez de chevaux inférieurs parmi les élèves de race noble, sans s'occuper d'en produire spécialement. Ce sont ces derniers qui peuvent servir au travail de la ferme ou paraître au marché comme chevaux de charrette.

Dans le choix des poulinières, le fermier devra rejeter scrupuleusement toutes celles qui seront entachées de tares héréditaires, et avoir toujours présent à l'esprit l'importance de la conformation régulière, de la taille et de la force, et spécialement de la distinction, délicatesse et expression dans la tète. Qu'il ne perde jamais de vue qu'un cheval ayant de la figure, du cachet, sera toujours plus vendable que tout autre. Quand bien même il n'aurait pas les mêmes qualités, on les lui supposera toujours plus facilement, si l'expression de sa physionomie et la forme de sa tète dénotent plus de sang.

Quel que soit l'usage auquel on destine les chevaux qu'on veut produire, leur père doit être un *étalon de pur sang*. Cette condition est absolue, car je regarde un grossier métis demi-sang comme le poison le plus dangereux qu'on puisse employer, quand bien même on ne voudrait faire que des chevaux de carrosse qui seront toujours plus parfaits et de plus grande valeur, s'ils sont le produit de juments très-grandes et très-fortes, et d'étalons de pur sang étoffés et membrés, qu'en donnant à une jument moins grande et moins forte un étalon de demi-sang plus puissant et plus grand qu'elle (1).

Il est bien entendu que pour que l'emploi de l'étalon de pur sang soit suivi de bons résultats, il faut que les poulinières soient bien choisies et remplissent toutes les conditions voulues, car autrement on n'obtiendrait que des chevaux manqués dont on ne tirerait qu'un très-mauvais parti. Il est donc d'une très-haute importance pour le fermier de ne prendre que de très-belles, très-grandes et très-fortes juments pour en faire des poulinières propres à être données à l'étalon de pur sang. Si le pays manque de ces juments, il faut aller en chercher où il y en a, ou s'efforcer d'en faire ; et c'est alors que l'étalon corsé et membré de demi-sang peut être employé utilement.

En tous cas, qu'on n'oublie jamais que la taille, la force et l'ampleur du produit seront en raison des soins qui lui auront été donnés dans son jeune âge, ainsi que de la qualité et quantité de nourriture qu'il aura prise.

S'il pouvait rester quelques doutes dans l'esprit des personnes qui me liront, sur la nécessité de mettre les poulains et jeunes chevaux à l'abri pendant les mauvais temps et la nuit ; sur celle non moins impérieuse de les habituer à se laisser toucher, manier par l'homme, afin de les rendre doux et familiers, et enfin sur les bons résultats qu'on retire de la coutume de parer les pieds des poulains avant même que ces jeunes animaux soient sevrés, en continuant cette pratique jusqu'au moment de les ferrer, je leur répéterai : Si vous désirez tenir vos poulains en bonne santé et les voir vigoureux, forts et grands, ne les exposez que le moins possible aux intempéries de l'atmosphère ; si vous voulez éviter une foule d'accidents que vous déplorerez, puisqu'en un instant ils vous feront perdre le fruit de deux années de soins, de peines, et en même temps vos espérances pour l'avenir, faites tout ce qui dépendra de vous pour que votre poulain ne soit pas farouche comme l'animal des bois.

---

(1) Nous engageons nos lecteurs à se bien pénétrer de ce qui précède et de ce qui suit. *(Note du traducteur.)*

Enfin, si vous tenez à la bonté et à la bonne forme et direction des pieds, chose des plus essentielles, ne négligez pas d'employer les moyens que j'ai indiqués comme pouvant faire atteindre ce but.

L'éleveur me demandera peut-être : dois-je dresser mon poulain avant l'âge de deux ans ? Non. Attendez qu'il en ait trois, et alors soignez-le bien, puis vous pourrez le dresser et le monter dans les environs de votre ferme en lui faisant parcourir de petites distances seulement.

Si vous me demandez encore : dois-je donner toujours de l'avoine à mes poulains ? Oui ; excepté pendant les mois d'été, lorsqu'il y a abondance d'herbe et qu'on peut la faucher pour la mêler avec le foin. Dans ce cas, on peut supprimer l'avoine et donner le mélange d'herbe et de foin sous un hangar, afin que les poulains viennent le manger à l'abri de la grande chaleur ou du mauvais temps. Dans l'hiver, donnez des carottes ou des navets de Suède si vous en avez ; mais surtout point d'économie mal entendue sur la nourriture, car ce n'est qu'avec l'abondance et la qualité qu'on peut espérer voir ses efforts couronnés de succès. Il en sera de même pour le prix de la saillie ; souvent un fermier, pour économiser quelques guinées, donne de bonnes poulinières à de mauvais étalons coureurs qu'on lui offre à bas prix, deux ou trois souverains, par exemple. Qu'en résulte-t-il ? C'est que les produits de semblables accouplements ne payent pas ce qu'ils coûtent à douze mois seulement. Je ne puis donc trop recommander aux fermiers qui veulent des chevaux de chasse, de selle et même d'attelage, de prendre des étalons de mérite, et de mettre autant d'attention dans le choix de ces producteurs, que s'il s'agissait de faire des chevaux de course. Qu'ils se persuadent bien que le cheval capable de produire des coureurs renommés peut, à plus forte raison, être le père d'excellents chevaux de service, pourvu toutefois qu'il soit exempt de toutes tares héréditaires, ce dont on s'occupe peu lorsqu'il s'agit de courses seulement, mais ce qui est fort grave quand il est question de chevaux de vente propres à différents usages.

Encore un mot, avant de finir ces conseils, relativement au dressage des poulains.

On est trop souvent dans l'usage de se trop presser dans les différents degrés de l'éducation à donner à ces jeunes animaux ; ce qui n'est pas étonnant, puisque généralement le dressage est confié à un homme auquel on donne un prix convenu à l'avance ; cet homme doit naturellement désirer d'en finir le plus tôt possible, et se trouve tout disposé à négliger certaines parties souvent fort essentielles. Il serait donc fort utile de prendre les mesures les plus propres à parer à l'inconvénient que je viens de signaler, qui n'est malheureusement que trop fréquent, et diminue souvent la valeur des chevaux aux yeux des marchands surtout, en raison de l'obligation dans laquelle ils se trouvent fréquemment de soumettre ces chevaux à un nouveau dressage après les avoir achetés. Je ne puis donc trop insister sur la nécessité de n'employer au dressage des jeunes chevaux que des hommes d'une probité reconnue, d'une patience à toute épreuve, et je dirai, avec le grand tragique Shakspeare :

« Donnez-moi l'homme qui ne soit pas l'esclave de ses passions ! »

Il est encore un point sur lequel je dois revenir, c'est la grande régularité dans tout ce qui a rapport à l'élevage et au dressage des poulains, comme en toute autre chose relative à une exploitation agricole ou à une entreprise industrielle quelconque ; cette régularité est indispensable, et doit amener les meilleurs résultats, tandis que son oubli peut être suivi des inconvénients les plus graves.

D'un autre côté, la surveillance du maître devient beaucoup plus facile lorsqu'à de certaines heures il sait que telle ou telle chose doit être faite ; il peut s'apercevoir en un instant de la moindre négligence qui, autrement, passerait inaperçue.

Si dans un grand établissement un registre est tenu, et renferme tout ce qui arrive chaque jour, je ne vois pas pourquoi on n'en ouvrirait pas un semblable dans chaque ferme, non-seulement pour y consigner ce qui regarde les chevaux, mais aussi tout ce qui concerne les autres animaux, etc. La tenue de ce registre ne servirait pas seulement à établir une grande ponctualité dans le service général de la ferme, il ferait éviter aussi des dilapidations, des prodigalités ou des parcimonies ; enfin, il servirait de guide dans une foule de circonstances où la mémoire seule ne peut suffire.

———

# CONCLUSION.

Je terminerai mon travail sur l'élève du cheval de course, de chasse et de selle, en récapitulant rapidement les conseils que j'ai cru devoir donner aux éleveurs et qui sont aussi bien applicables à l'élevage des chevaux de service qu'à celui des chevaux de course.

Par exemple, le choix et le traitement des étalons, la symétrie, les tares héréditaires, la dégénérescence des races, le traitement des poulinières et des poulains doivent produire les mêmes effets et le même résultat, quelle que soit l'espèce de chevaux dont on s'occupera.

Le même traitement devra être suivi pour le sevrage des poulains, pour les soins à leur donner, pour ceux à prendre de leurs pieds, etc. ; les maladies auxquelles ces jeunes animaux sont sujets, et qui ont pour causes les vers, les gourmes, etc. L'administration des remèdes, le dressage, l'écourtage de la queue, sont aussi les mêmes chez le cheval de chasse et de selle que chez le cheval de course, et si les uns et les autres peuvent être amenés à bien sans des dépenses trop considérables et de trop grandes difficultés, la négligence, le manque de soins et l'inobservance des prescriptions indiquées seront inévitablement suivies de mauvais succès. C'est donc à l'éleveur à prendre toutes les précautions possibles pour que le fruit de ses travaux ne soit pas perdu par un de ces accidents dont la cause pourrait lui être attribuée.

Pour ceux qui ne sont pas pourvus des connaissances nécessaires pour bien élever des chevaux pour les courses et la chasse, mes conseils pourront être utiles. Ils le seront moins à ceux qui ont plus d'expérience. Néanmoins, quand ils ne serviraient qu'à leur rappeler les avantages et les inconvénients de telle ou telle pratique ; qu'à les mettre en garde contre un grand nombre de ces événements provenant de la faute des hommes chargés des jeunes animaux dans les différentes périodes de leur éducation, ce serait déjà beaucoup.

Du reste, je n'ai pas la prétention de maîtriser ces événements imprévus et ceux que dame nature, assez souvent capricieuse, fait naître ; je n'assurerai pas qu'un étalon bai et une jument de même robe produiront invariablement un poulain bai, car ce serait par trop m'avancer, bien que cela soit probable.

Je ne dirai pas davantage d'une manière absolue que la taille, les proportions d'un poulain seront toujours semblables à celles de ses père et mère ; mais je n'en conseillerai pas moins d'agir constamment comme si cela devait être invariablement, car on n'a jamais à se repentir de demeurer dans les bons principes et dans les règles générales qui n'ont contre elles que de rares exceptions.

9 782329 284637